大東亜戦争

責任を取って自決した陸軍将官26人列伝

伊藤　禎

Ito Tadashi

展望社

大東亜戦争　責任を取って
自決した陸軍将官26人列伝

——

目次

大将

中将

少将

はじめに

自決将官

本書は、大東亜戦争終了時あるいはその後「自決」した陸軍将官二十六名の列伝である。

大東亜戦争に関連して戦没した将官は、陸軍百八十八名、海軍八十二名に上る。戦没とは戦死、戦病死、殉職、自決、戦犯死、シベリア等抑留中の死亡等をいう。その内訳は陸軍の戦死六十名、戦病死三十三名、殉職十一名、自決二十六名、戦犯としての刑死三十七名、シベリア等抑留中の死亡二十一名である。

海軍は戦死四十九名、戦病死十二名、殉職四名、自決五名、刑死十二名である。

筆者は、平成二十一年七月に『大東亜戦争戦没将官列伝（陸軍・戦死編）』（文芸社）を上梓したが、本書はその続編にあたる。なお、自決でも玉砕等にあたって自ら命を絶った将官は含んでいない。これらの将官は前掲陸軍・戦死編の対象としている。

①階級

自決将官二十六名の階級別内訳は大将六名（うち一名は元帥）、中将十七名（軍医中将一、法務中将一を含む）、少将三名（うち一名は法務少将）である。日本軍では、戦死者、戦病死者、殉職者などは一階級以上進級させることを原則としているが、どういう判断によるものか自決者については一切進級させていない。

②地域

国内での自決者は十五名、国外は十一名である。国外では満州（二）、中国（一）、朝鮮（一）、台湾（一）で五名、南方では、タイ、インドネシア、ラバウル、セラム島で各一名、ソ連、スイスで各一名である。

③手段

手段別にみると、割腹六名、服毒六、拳銃五、割腹・拳銃併用一、縊死一、不明七となっている。

④理由

自決者はいずれも拠って立つ大日本帝国の崩壊に対する絶望感、虚脱感や帝国崩壊に対する責任感などが背景となっているが、戦犯追及を忌避しての自決と見受けられる例もある。遺書等が残されている場合は、それなりにその心情が理解できるが、遺書も残されておらず、自決の理由も不明な将官も少なくない。

また、何らかの責任を感じての自決であっても、自分が同じ立場なら、当然同じように自決していたであろうと思われる立場の軍人もいれば、なぜこの人がそこまで責任を感じなければならなかったのか理解に苦しむ例もある。

自決者全員について、自決理由を特定、分類することは困難であるので、いくつかの事例を挙げてみよう。

開戦時陸軍参謀総長として開戦を主導した杉山　元大将（元帥）は、遺書で天皇に対して開戦から敗戦に至るまでの輔弼の至らなかったことを詫びているし、終戦時の陸軍大臣であった阿南大将は天皇に対し「一死大罪を謝しまつる」と詫びているが、これは陸軍大臣としての敗戦責任や陸軍の一部若手将校によるクーデター騒ぎの責任を取ったものであろう。自決もうなずける。

一方、篠塚義男中将は、開戦時末席の軍事参議官として参議官会議で開戦に賛成したことをもって自決の理由としている。篠塚中将は陸士首席、陸大恩賜卒業のエリート軍人であったが、同期の東條に疎まれて（といわれている）昭和十七年六月に予備役に編入されており、敗戦責任を負う立場には全くないし、開戦に賛成した軍事参議官会議も形式的なもので、これを以って自決するとはあまりに鋭敏な責任感である。

またニューギニアの第十八軍司令官として人間として耐えうる以上の辛酸をなめた安達二十三中将は、多数の部下を死なせたこと、多くの戦犯者（飢餓による人肉食等）を出したことを自決の理由としている。遺書には「例え凱陣の日といえども生きて帰るつもりはなかった」と部下に殉じての自決であった。深い共感を覚える。

また、上村幹男第四軍司令官や草場辰巳大陸鉄道司令官（いずれも中将）はソ連の満州侵攻時の居留民保護の至らなかったことを理由としている。居留民を置き去りにしたことは、作戦上の必要性でやむを得ない処置だったと戦後恥じることなく書き残した草地貞吾関東軍作戦参謀（大佐）のような人物がいる中でこの二人の将官の存在は一服の清涼剤である。

納見敏郎第二十八師団長は、戦犯指名を受けての自決であったし、島田朋三郎法務中将や岡田痴一法務少将は、本土空襲の際撃墜した米軍のB29搭乗員を国際法違反の無差別爆撃を行ったとして処刑した軍律会議等での対応を戦後問題視されたことへの責任を取ったものである。

本書の特徴

①大東亜戦争終結時あるいはその後まもなく自決した将官二十六名を網羅している。将官とは少将、中将、大将の階級の軍人をいう。

②対象者全員について、出身地、生年月日、死亡年月日、死亡時の満年齢、陸士、陸大の期、卒業年月日、任官日、海外勤務の有無、金鵄勲章の受章の有無、大佐以降の進級歴、軍歴、プロフィール、死の状況を記載している。ただし、一部に死亡状況や軍歴が不明な将軍もいる。なお、出身地については『歴史と旅―帝国陸軍将軍総覧』（秋田書店）に依拠したが、高級軍人の出身地は、出生地を指すこともあれば、本籍地のこともあり様々である。したがって、各種出典により異なる場合がある。

死亡地については、はっきりしない者もいる。

また、氏名に読み方をローマ字表記しているが、必ずしも正確かどうか、不明なものもある。資料によって読み方に異同があり、どの読み方が正しいのか不明な者もいる。例えば杉山元大将の場合、「元」を「ハジメ」と読むのか「ゲン」と読むのか両説ある。したがって、表記は一般的な読み方に従っている。

③プロフィールの中で単に職位を記載するだけでなく、それがどのような職務であったのか、あるいは連隊長や師団長等を経験していた場合、その連隊や師団の戦歴等にも触れている。一般に知られていない職務については、解説を加えている。

④対象者の士官学校同期生には、どのような将軍がいたのか、主要な将軍を紹介している。

⑤本書は、全て既存の記録、戦記や戦史を参考に書き上げたものである。遺族や関係者の聞き取りなどは物理的な制約があり、一切行っていない。したがって、筆者が何か従来になかった新しい事実を発見したということもない。ここに本書の限界がある。他に類書がない本邦初出のものとしてご容赦願いたい。

多くの誤りがあることを危惧しているが、発見された場合は、是非ご教示願いたい。

凡例

①配列

階級順、同一階級ではあいうえお順に配列している。

②用語

地名

文中使用の地名等は、当時一般に使われていた用語に従っている。現在のミャンマーはビルマ、現在のホーチミン市はサイゴン、中国各地の地名も当時の呼び方に従っている。現在のベトナム、ラオス、カンボジア等も当時の仏領印度支那（仏印）、インドネシアは、蘭領印度支那（蘭印）と表現している。必要に応じ現在名を付記している。

大東亜戦争

戦争の名称も「大東亜戦争」を使用している。その理由は、「大東亜戦争」が閣議決定（昭和十六年十二月十二日）された我が国での正式名称であったということが第一の理由である。また、一般に使われる「太平洋戦争」では、太平洋に於けるアメリカとの戦いが主となり、中国や東南アジア、ビルマでの戦いが埋没してしまうからである。さらに、あの戦争の性格を考えるにあたって、自存自衛、大東亜共栄圏確立の名のもとに東亜の盟主たらんとした大東亜戦争の方がその本質を現わしている。太平洋戦争では無機質である。

なお、中国との戦いは、昭和十六年十二月八日以降大東亜戦争に包含されるようになったが、蘆溝橋事件（十二年七月七日）から、十六年十二月八日までは当時の正式呼称（閣議決定）である支那事変（当初北支事変）の呼称を使っている。

参考文献

それぞれの対象者の末尾に記載しているが、それ以外に共通して左記の著作を参考にしている。対象者の選定、軍歴は主として『陸海軍将官人事総覧　陸軍編』（上法快男監修 外山操編 芙蓉書房）及び『歴史と旅―帝国陸軍将軍総覧』（外山操 秋田書店）、『帝国陸海軍将官・同相当官名簿』（古川利昭編 朝日新聞東京本社朝日出版サービス）に依拠した。このほか『日本陸軍将官総覧　別冊歴史読本戦記シリーズ49』（新人物往来社）を参考にした。生年月日は『帝国陸海軍将官・同相当官名簿』に依った。

軍制、官制等については『帝国陸海軍事典』（大濱徹也 小沢郁郎編 同成社）や『事典 昭和戦前期の日本制度と実態（伊藤隆監 百瀬孝）』、『日本陸海軍の制度・組織・人事』（日本近代史料研究会編 東京大学出版会）などを参考にした。

これらの先人の著作なしには、本書の執筆は不可能であった。先人の努力にお礼を申し上げたい。

大将

杉山　元（福岡）

Sugiyama Gen

（写真『歴史と旅―帝国陸軍将軍総覧』Ｐ196）

明治十三年一月二日　生
昭和二十年九月十二日　没（自決―拳銃）東京　六十五歳
陸士十二期（歩→航）
陸大二十二期
印度駐在
功一級　二級

主要進級歴

明治三十四年六月二十五日　少尉任官
大正十年六月二十八日　大佐
大正十四年五月一日　少将
昭和五年八月一日　中将
昭和十一年十一月二日　大将
昭和十八年六月二十一日　元帥

主要軍歴

明治三十三年十一月二十一日　陸軍士官学校卒業
明治四十三年十一月二十九日　陸軍大学校卒業
大正七年十二月一日　航空第二大隊長
大正九年七月十六日　参謀本部附（国際連盟空軍代表随員）
大正十年六月二十八日　大佐
大正十一年四月一日　陸軍省軍務局航空課長
大正十二年八月六日　陸軍省軍務局軍事課長
大正十四年五月一日　少将　航空本部補給部長
大正十五年十二月一日　航空本部附（国際連盟派遣）
昭和二年二月十五日　国際連盟空軍代表
昭和三年四月二十日　兵器本廠附
昭和三年八月十日　陸軍省軍務局長
昭和五年六月十六日　陸軍次官心得
昭和五年八月一日　中将　陸軍次官
昭和七年二月二十九日　第十二師団長
昭和八年三月十八日　航空本部長
昭和九年八月一日　参謀次長兼陸大校長
昭和十一年三月二十三日　参謀本部附
昭和十一年八月一日　教育総監兼軍事参議官
昭和十一年十一月二日　大将
昭和十一年十二月一日　兼議定官
昭和十二年二月九日　陸軍大臣（林内閣、近衛内閣）
昭和十三年十二月九日　北支那方面軍司令官
昭和十四年八月三十一日　兼駐蒙軍司令官
昭和十四年九月十二日　軍事参議官
昭和十五年十月三日　参謀総長
昭和十八年六月二十一日　元帥
昭和十九年二月二十一日　辞
昭和十九年七月十八日　教育総監
昭和十九年七月二十二日　陸軍大臣（小磯内閣）
昭和二十年四月六日　第一総軍司令官
昭和二十年九月十二日　自決

プロフィール

ボケ元と華麗な軍歴

杉山については、茫洋とした容貌等から「ボケ元」、「グズ元」、「昼行灯《ひるあんどん》」あるいは「便所の扉」といった余り芳しくない評言が残されている。「便所の扉」とは昔のトイレの入り口の扉は、外から押しても、中から押してもどちらにも開くことから、押された方の意見に同調する主体性のなさをいっている。

しかし、杉山の軍歴は極めて華麗で、エリート中のエリートの道をひた走っている。陸軍創設以来、陸軍三長官と呼ばれた陸軍大臣、参謀総長、教育総監全てを歴任した軍人は、明治末期から大正初めにかけて歴任した上原勇作元帥・大将と杉山以外にいないが、杉山はさらに、陸軍大臣、教育総監を各二回務めている。健軍以来稀有の事例である（教育総監部発足前の監軍時代を含めると山県有朋、大山巌等の例がある）。単なるボケやグズではあるまい。

日露戦争従軍

杉山は福岡県小倉に生まれ、京都《みやこ》郡の豊津中学校から陸士に入学、卒業後小倉歩兵第十四連隊に配属された。かって乃木大将が連隊長を務めた部隊である。杉山は日露戦争に同連隊の第三大隊副官として従軍、顔面に負傷している。その後遺症で左目が大きく開かなくなったと伝えられている。杉山のどの写真を見ても左目を半眼にして茫洋として写っているのはそのためだという。

杉山はその後、同連隊で中隊長を務め帰還する。大東亜戦争時日露戦争に従軍した数少ない将軍である。

航空転科の国際派

杉山は歩兵科出身であるが、途中で航空に転科している。そのきっかけは、明治四十二年に臨時気球研究会が設立され、我が国軍航空の嚆矢となったが、陸大卒業後参謀本部に配属されていた杉山が、四十五年に空中偵察術習得のため気球隊に派遣され、関心を持ったことにある。

杉山の航空への転科は大正七年頃と見られるが、最初の航空関係の補職は同年十二月の航空第二大隊長であった。同大隊は岐阜県各務原に基地を持つ戦闘機部隊であった。この時期航空科はまだ独立していなかった。

航空大隊長を一年七カ月務めた杉山は、九年七月参謀本部附となり、国際連盟空軍代表随員としてジュネーブに渡る。その後十一年四月には陸軍省軍務局航空課長に就任する。航空課は大正八年に創設されており、杉山は三代目の課長である。翌十二年八月には軍務局軍事課長に就任する。この時期軍事課は、後の軍務課の業務も担当しており、軍務局の筆頭課長である。政界や官界との付き合いも始まった。

杉山は軍事課長を一年九カ月務め、十四年五月、同期のトップを切って少将に進級するとともに航空本部補給部長に昇進する。その後、十五年十二月航空本部附となり、国際連盟に派遣されるが、昭和二年には国際連盟の我が国空軍代表となる。昭和三年四月には兵器本廠附となり帰国するが、昭和八年三月から九年八月まで航空行政の元締めである航空本部長を務めている。

まだ海のものとも山のものとも分からない陸軍航空隊創始の頃から航空に転じ、航空関係の要職を占めてきたが、杉山は陸大卒業後母隊の第十四連隊大隊長を務めたあと三年八カ月にわたって印度に駐在、その他ジュネーブを中心に欧州や東南アジア、オーストラリア等豊富な海外出張や国際会議の経験もあり、陸軍きっての国際派である。

しかし、こうした航空や国際派としての見識が大東亜戦争開戦時にあっては、影を潜めていたのはなぜであろうか。

軍務局長　参謀次長

昭和三年八月、杉山は軍務局長となる。軍務局は陸軍軍政の中核で、傘下に軍事課、騎兵課、歩兵課、砲兵課、工兵課があった。議会対策も必要で、もっとも国政との関わりの深い局である。大東亜戦争開戦前後の軍務局長武藤章が軍人政治家として著名であるが、杉山にはそれほど政治臭はない。

昭和五年六月、少将のまま陸軍次官心得となり、八月、中将に進級して、はれて次官となる。杉山は次官を一年半務めるが、仕えた陸軍大臣は阿部信行、宇垣一成、南次郎、荒木貞夫の四人に上る。この間、宇垣陸軍大臣を担ぐクーデター計画・三月事件（六年）や関東軍の策謀による満州事変が勃発する（六年九月）、三月事件や満州事変に杉山がイニシアティブを取った形跡は認められないが、同調者であったことは間違いなかろう。

七年二月、杉山は第十二師団長に親補される。次官から師団長への転出は、現在の目から見ると格下げの感があるが、この時代の師団長の地位は重く、天皇が直接任命する親補職として、表面的には陸軍次官や参謀次長などより格上のポストであった。しかし、杉山の転任は、裏があり六年十二月に陸軍大臣に就任した皇道派の荒木貞夫が宇垣閥の一掃をはかり、宇垣閥に連なる将官を予備役に編入したり、外地に追いやったりしたが、杉山は宇垣系ではあるが、昼行灯で毒にも薬にもならないので内地に置いてやろうと久留米の第十二師団に置かれたという。杉山の昼行灯はこの頃から既に有名であったのか。

翌八年三月、陸軍航空本部長となって、中央に戻る。航空本部は、前身の陸軍航空部が大正十四年に格上げされたもので、航空兵の本務に関する事項、航空兵器工業の指導、監督、新型機種選定に関する事項等を主任務とし、気象関係も管掌している。傘下に航空技術研究所、航空廠、飛行実験部、気象部等を持っていた。昭和十一年に航空総監部が新設されるまでは、航空兵の教育も担当する航空に関する唯一の中央機関であった。

九年八月、杉山は参謀次長に転じる。陸大校長も兼務する。この時期参謀総長は、高齢の閑院宮戴仁親王（慶応元年生）で杉山が実質的にはトップであった。

十一年二月、二・二六事件が発生する。軍首脳はその対応をめぐって大揺れに揺れた。反皇道派の杉山は反乱軍に同情心は持たなかったが、武力による反乱鎮圧については逡巡していた。しかし、当時病気静養中で小田原に引きこもっていた閑院宮参謀総長に代って参内した際、天皇から徹底鎮圧を指示され、参謀本部として漸く討伐に一本化した。

その後事件は、武力ではなく兵に対するラジオ放送や飛行機によるチラシ配布、アドバルーン等での帰順勧告で反乱軍は兵営に戻り終息した。
事件後に就任した寺内寿一陸軍大臣は、徹底した皇道派狩りを実施し、皇道派を軍から一掃した。これより陸軍は、統制派の天下となった。

教育総監から陸軍大臣

杉山は事件後の三月、参謀本部附となったが、同年八月、教育総監兼軍事参議官となった。前任の西義一が総監五カ月で病気辞任した後を受けた。

二・二六事件後、広田弘毅が首班に指名される。しかし、陸軍が組閣にくちばしを入れ、大命拝辞寸前となったり、軍部大臣現役武官制の復活や日・独・伊防共協定の締結等を強要し、ことごとく政権に横やりを入れ軍のロボットとなった。陸相寺内寿一と浜田国松代議士の議会に於ける腹切り問答のあと始末で広田内閣は一年足らずで崩壊する。

広田の後任には宇垣一成大将が推薦されたが、陸軍はかっての宇垣軍縮のしこりからこれを忌避し、かって宇垣派の一員であった杉山が、軍主流の意向を宇垣に伝え、組閣を断念させている。これ以降、軍部大臣現役武官制が内閣の命運を握ることになる。気に入らない内閣には陸軍大臣を推薦せず、組閣を不可能にしたからである。杉山は十一年十一月、同期のトップで大将に進級した。その後一年遅れて、十二年十一月、同期の畑俊六と小磯国昭が大将に進級した。十二期ではこの三人が大将となった。

十二年二月、林銑十郎大将が首班に指名され組閣し、陸軍大臣に任命された中村孝太郎中将が僅か一週間で病気のため辞任したため、その後任に杉山が充てられた。中村は、杉山の一期後輩であるが、中村の病気辞任がなければ杉山の陸相はなかったであろうといわれている。教育総監の時も前任者の急病で棚ぼたを拾っている。陸軍省最後の人事局長であった額田坦中将は、「陸軍省人事局長の回想」で杉山のつきを「全く天運の然らしめたところ」といっている。

杉山は次の近衛内閣でも留任し、十三年六月まで陸軍大臣を務める。この間の十二年七月、北京郊外の蘆溝橋で日中両軍が衝突し、北支事変が始まる。陸軍省、参謀本部とも不拡大派と拡大派が複雑に絡み合うが、杉山は終始一貫拡大派で、中国一撃論であった。杉山始め、参謀本部の武藤章作戦課長等の一撃論が主流となり、戦線は上海から南京へと拡大し、日中は全面戦争となっていく。

一撃論とは、中国など一撃食らわせてやればすぐに手を挙げるというもので、中国の民族意識や抗日意識を軽視していた。天皇に一カ月程度で片が付きますといったのは、この頃のことであった。

十三年六月、近衛内閣の改造に伴い、杉山は軍事参事官に転じる。後任は板垣征四郎であった。軍事参事官として半年ほど英気を養ったあと、十三年十二月、杉山は寺内の後を次いで北支那方面軍司令官として中国に渡る。陸軍大臣として支那膺懲、一撃を主張したその落とし前を付けに行くことになるが、支那事変は南支にも広がり泥沼化していた。杉山の中国在勤は短く十四年九月には軍事参事官として帰還する。

杉山は軍事参事官を三度務めているが、軍事参事官は、明治三十六年に陸海軍の調整機関として設立された軍事参議院のメンバーである。軍事参議院は「帷幄の下にありて重要軍務の諮詢に応ずる所」とされ、元帥、陸海軍大臣。参謀総長、軍令部総長、専任軍事参事官がメンバーとなっていたが、有名無実の存在になっていた。しかし、軍事参事官は親補職とされていたので、一応その格式は高く師団長や、軍司令官等の親補職経験者の次の補職待ちポストとして使われた。

参謀総長として大東亜戦争を推進

昭和十五年十月、閑院宮戴仁参謀総長が辞任した。八年十カ月に渡って参謀総長を務めた軍の最長老であったが、慶応元年生まれの七十五歳であった。その後任に杉山が充てられた。これで陸軍三長官を全て経験することになった。

杉山の参謀総長在任は、十五年十月から十九年二月まで三年四カ月に及び、大東亜戦争開戦決定から、緒戦の南方攻略作戦、戦局の分岐点となったガダルカナル島攻防戦、アッツ島玉砕、インパール作戦決行まで、統帥部最高責任者であった。

大東亜戦争開戦については、杉山は終始一貫主戦派として開戦を主張し、国家を崩壊に導いたその責任は重い。

開戦にあたり天皇からその見通しを聞かれた杉山は、「絶対勝てるとは申しかねますが、勝てる算はあります。南方方面だけなら三カ月くらいにて片付けるつもりであります」と答えたところ、天皇から「汝は支那事変勃発当時の陸相なり、その時事変は一カ月くらいにて片づくと申せしことを記憶す。然るに四カ年の長きに渡り未だ片づかんではないか」と叱責されて、「支那は奥地が開けており、予定通り作戦が出来なかった」等と種々言い訳をした。さらに天皇から「支那の奥地が広いというなら太平洋はなお広いではないか」と責められ、杉山は頭を垂れて答えることが出来なかったという。

昭和十八年六月、杉山は陸軍現役最長老の寺内寿一とともに、元帥府に列せられ、元帥の称号を授与された。ちなみに、日本の元帥は大将の上の階級ではなく名誉称号である。階級はあくまでも大将である。元帥の称号を与えられると元帥徽章、元帥刀を授与されたが、元帥の階級章はなかった。この頃が杉山の得意の絶頂期であったであろう。

参謀総長辞任

しかし、既に日本軍はガダルカナルから追い落とされて（十八年二月）いたし、アッツ島は玉砕（十八年五月）、東部ニューギニアの戦局も次第に危機的様相を帯びつつあった。また中国戦線も泥沼の中であえいでいた。

こうした八方ふさがりの中で焦慮した東條首相は、陸軍大臣を兼務していたが、作戦用兵に全く関与できない現実を打破しようとして自身の参謀総長兼任を図る。我が国では統帥権独立の名のもと、作戦用兵は、天皇に直隷した参謀総長の専管事項であった。陸軍大臣であっても、総理大臣であっても戦局の実態についても、次の作戦についても全く蚊帳の外であった。これでは一国の最高政治指導者として責任は取れない、政略、戦略を一手に握って対応したいとの東條の思いは理解できる。

しかし、世論は、統帥権干犯、東條独裁、東條幕府といって批判した。杉山も統帥権の独立を盾に、憲法の規定や国軍の伝統に反すると強く反対し、天皇にも直訴したが、東條は事前に天皇の了解を得ており、最後は受け入れざるを得なかった。

十九年二月、東條は参謀総長を兼任し、海軍も嶋田海軍大臣が軍令部総長を兼ねた。杉山は不満を胸に辞任した。

こうして、東條は軍政・軍令の両権を握ったが、その両権は海軍に対しては全く及ばなかった。戦局もインパール作戦の失敗、マリアナ沖海戦の敗戦、東條が難攻不落と自信を持っていたサイパン島が簡単に占領され、東条内閣の命運も尽きた。

二度目の教育総監 陸軍大臣

十九年七月二十二日、東条内閣は総辞職し。小磯内閣が発足した。杉山は小磯内閣の陸軍大臣に就任する。二度目の陸軍大臣である。また、その四日前の七月十八日、教育総監に補せられており、教育総監も僅か四日間であったが二度目の勤めであった。参謀総長には梅津美治郎が就任した。

小磯内閣は（馬力不足の）木炭自動車内閣と揶揄され指導力も発揮できないまま、二十年四月、海軍長老の鈴木貫太郎が高齢を押して、天皇のたっての願いにより組閣した。杉山は陸相を降り、新設の第一総軍司令官に親補された。日本本土を二分し、本土決戦に備える東日本防衛軍である。西日本担当の第二総軍司令官には畑俊六元帥・大将が充てられた。

二十年八月十四日の御前会議において、天皇の決断によりポツダム宣言受諾が最終的に決断されたが、会議に先立ち天皇は杉山、畑、永野（海軍）の三元帥を呼び、終戦の決意を告げて、遺漏なく終戦に努力すべきことを命じた。これを受けて陸軍は三長官（阿南陸軍大臣、梅津参謀総長、土肥原教育総監）と杉山第一総軍司令官、畑第二総軍司令官の五名は「皇軍はあくまで御聖断に従い行動す」ることを申し合わせ、これに署名した。

無能無力の元帥

かっての日本軍事史学の泰斗松下芳男博士の『近代日本軍人伝』は、杉山を評して「日本健軍以来、元帥府に列せられた陸軍大将十七名、この中で杉山ぐらい無能無力な元帥はいなかったのではあるまいか。彼は将軍ではなく能吏である。三軍叱咤の戦将、帷幄籌謀の謀将ではなく、机上整理の官僚である。ただその時の陸軍の事情によって元帥になった幸運児である」といっている。これほどの酷評はあるまい。

たしかに、杉山の煌びやかな軍歴は、旧軍人の中でもこれ以上はないといわれる程のものであるが、その軍歴の要所要所において、杉山らしいリーダーシップや経綸を発揮した事例は乏しい。大東亜戦争開戦を主張したり、インパール作戦を認可したり、東條首相退陣後、陸軍大臣として、東條派の富永恭次陸軍次官を比島方面の第四航空軍司令官に追いやったくらいが記憶に残るが、主戦派としての主張は、部下の塚田攻参謀次長、田中新一作戦部長や服部卓四郎作戦課長の路線に乗ったものであったし、インパール作戦の実施を承認したのも「寺内（南方軍司令官）さんのたっての願いであり一度くらい聞いてやってもいいではないか」といった人情論であった。全く航空の経験もなく師団長をやったこともない富永次官を第四航空軍司令官に追いやって「なんと名人事ではないか」とうそぶいたというが、そういう軍司令官を頂いて戦う一線将兵にとっては迷惑この上ないことであった。富永は後に米軍上陸と共に多数の部下将兵を置き去りにして台湾に独断逃避して汚名を残した。

それにしても、無能無力とはいささか気の毒な感もある。このような軍人が長年にわたって軍の中枢に座っていたことは日本の悲劇であった。

昭和天皇が、終戦直後皇太子に宛てた手紙で、日本の敗因の一つとして「明治の山県（有朋）、大山（巌）、山本（権兵衛）のような名将がいなかったこと」を挙げているが、天皇の当時の軍指導者に対する評価でもあったであろう。

杉山メモ

杉山は、昭和十五年十月の参謀総長就任から十九年二月の辞任まで、参謀総長として出席した御前会議や大本営・政府連絡会議等の重要会議の模様や上奏等の内容を詳述したいわゆる「杉山メモ」といわれる膨大なメモを残している。ただし、自筆のものは自決の際処分されたらしく残っていないといわれているが、会議の出席後参謀本部の部長以上にその内容を口述しており、それを筆記したものが残されている。その記録は杉山の点検を受けているといわれ、杉山自身のメモに忠実なものであった。

終戦時、大本営の機密書類は、殆どが組織的に焼却され、戦時の真相が不明となったものが多いが、杉山メモは戦争指導の実態を窺わせる貴重な資料となっている。

諸会議に出席しメモを取り、それを部下に語って聞かせる杉山の記憶力や整理力には驚嘆させられる。書記役として会議に出席していたのならともかく、会議の中心人物として参画していながらこれだけのメモを残せるものではない。ただの無能ではあるまい。しかし、その能力は暗記に優れた秀才の域を出なかった。

死の状況

自決

終戦を迎えて自決者が相次いだ。十五日には阿南陸軍大臣、寺本熊市陸軍航空本部長、宇垣纏第五航空艦隊司令長官、十六日には大西瀧次郎軍令部次長等が自決した。

杉山が自決したのは九月十二日であった。第一総軍司令官室に参謀長の須藤栄之助中将を呼び「我が輩は脂肪が多いのでコレで（引き金を引くまねをして）失礼するよ」と伝え、参謀長を下がらせ拳銃自決した。

自決した日が九月十二日というのは、どういう意味があったのか、八月十五日でもなく、九月二日（戦艦ミズーリ号上で降伏調印式）でもない、また九月十一日から始まった戦犯指名の第一次リストに名が載った東條大将は、連行されそうになって、急遽自決を図ったが（失敗し蘇生した）、杉山はこのリストには名前は載っていなかった。いずれ、自分も逮捕されると覚悟を決めたのであろうか。

それとも、残された遺書には『お詫び言上書』と題され、八月十五日の日付があるので、やはり主戦論者として開戦を主導し、破れた責任をとった覚悟の自決であったのであろうか。しかし、そうなら阿南陸相のように八月十五日の方がふさわしかったのではなかろうか。

陸軍省最後の人事局長であった額田坦中将の『陸軍省人事局長の回想』によれば、杉山は夫人が元帥と共に自決する覚悟であるのを苦にして、参謀長や副官に夫人を翻意させてくれと依頼している。副官が夫人に面会して、思いとどまるように説得したところ、夫人が説得に応じたので、その旨元帥に伝えたところ、安心して杉山は自決したという。中途半端な日になったのは、夫人の行く末を案じて手間取ったというのである。

夫人は、終戦の報を聞くと、直ちに疎開先の山形から喪服を持って上京し、元帥の自決の報を聞くと、自宅で直ちに短刀で胸部を突き、杉山の後を追っている。自決を思いとどまると副官に伝えたのは、そう答えないといつまでも杉山が自決しないので、嘘をいったものらしい。

将官の夫人の自決は、他に母堂や娘共々一家で自決した隈部正美少将の例があるだけである。

杉山元帥は、夫婦運には恵まれず、夫人を二度病で亡くしており、自決した啓子夫人は三人目の妻という。

お詫言上書

大東亜戦争勃発以来三年八カ月有余、或ハ帷幄ノ幕僚長トシテ、或ハ補弼ノ大臣トシテ、皇軍ノ要職ヲ辱フシ、忠勇ナル将兵ノ奮闘、熱誠ナル国民ノ尽忠ニ拘ラズ、小官ノ不敏不徳能クソノ責メヲ完フシ得ズ、遂ニ聖戦ノ目的ヲ達シ得ズシテ戦争終結ノ止ムナキニ至リ、数百万ノ将兵ヲ損ジ、巨億ノ国帑ヲ費シ、家ヲ焼キ、家財ヲ失イ、皇国開闢以来未ダ見ザル難局ニ済シ、国体ノ護持、マタ容易ナラザルモノアリテ痛ク宸襟ヲ悩マシ奉リ、恐惶謹言為ス所ヲ知ラズ其ノ罪万死スルモ及バズ。謹ミテ大罪ヲ御詫ビ申上グルノ微誠ヲ捧グルト共ニ、御竜体ノ益々御康寧ト皇国再興ノ日ノ速ヤカナランコトヲ御祈願申上グ　恐惶謹言

昭和二十年八月十五日

陸軍大将　杉山　元（花押）

参考文献

昭和の反乱　上下　石橋恒喜　高木書房
陸海軍人国記　伊藤金次郎　芙蓉書房
陸軍省人事局長の回想　額田坦　芙蓉書房
昭和天皇発言記録集成　芙蓉書房出版
重臣達の昭和史　上下　勝田龍夫　文春文庫
杉山メモ　上下　原書房
近代日本軍人伝　松下芳男
世紀の自決　額田坦編　芙蓉書房出版

阿南　惟幾（大分）

Anami Koretika

（写真『歴史と旅―帝国陸軍将軍総覧』Ｐ２６７）

明治二十年二月二十一日　生
昭和二十年八月十五日　没（自決）　東京　五十八歳
陸士十八期（歩）
陸大三十期
功三級

主要進級歴

明治三十九年六月二十六日　少尉任官
昭和五年八月一日　大佐
昭和十年三月十五日　少将
昭和十三年三月一日　中将
昭和十八年五月一日　大将

主要軍歴

明治三十八年十一月二十五日　陸軍士官学校卒業
大正七年十一月二十九日　陸軍大学校卒業
昭和三年八月十日　歩兵第四十五連隊留守隊長
昭和四年八月一日　侍従武官
昭和五年八月一日　大佐
昭和八年八月一日　近衛歩兵第二連隊長
昭和九年八月一日　東京幼年学校校長
昭和十年三月十五日　少将
昭和十一年八月一日　陸軍省兵務局長
昭和十二年三月一日　陸軍省人事局長
昭和十三年三月一日　中将
昭和十三年十一月九日　第百九師団長
昭和十四年九月十二日　参謀本部附
昭和十四年十月十四日　陸軍次官
昭和十六年四月十日　第十一軍司令官
昭和十七年七月一日　第二方面軍司令官
昭和十八年五月一日　大将
昭和十九年十二月二十六日　航空総監兼航空本部長兼
　軍事参議官
昭和二十年四月七日　陸軍大臣
昭和二十年八月十五日　自決

プロフィール

平凡・努力・大器晩成の人

阿南は、大分県出身とされているが、東京生まれである。判事であった父の転勤で、中学時代を徳島で過ごした。乃木将軍が徳島を訪れた際開かれた剣道の試合に出場、その試合ぶりを見た乃木将軍のすすめで、中学二年から広島幼年学校に進み、軍人の道に入ったという。

阿南は、幼年学校、士官学校、陸軍大学と進み、軍のエリートコースに乗ったが、学校の成績は目立った存在ではない。特に陸大入学にあたっては、受験に三度失敗し、四度目に合格している。陸大受験資格は、三十歳未満、中尉までで、翌年は大尉に進級見込みの阿南は、この年失敗すれば受験資格を失うというぎりぎりの合格であった。二度目、三度目の受験はそう珍しくなかったが、四度というのはかなり珍しかったという。

陸大卒業時の成績は、六十人中十八位で上位三割に入っているが、海外駐在の特典は与えられていない。

陸大卒業後阿南は、参謀本部の演習課、陸大の兵学教官等を務め、歩兵第四十五連隊留守隊長のあと侍従武官となる。中佐時代である。侍従武官となったのはその容姿を買われたとの説がある。侍従武官は、昭和四年から八年まで丸四年務めている。昭和天皇の覚えは良かったらしい。この時の侍従長が鈴木貫太郎海軍大将で、この二人が終戦時の首相、陸軍大臣としてコンビを組むこととなる。

これらの経歴は、陸大出身者として、トップエリートのコースではなかったし、大佐進級も、少将進級も同期の山下奉文、岡部直三郎、藤江恵輔、山脇正隆（いずれも大将となった）等同期十五名に先を越された第二選抜での進級であった。昭和十年に少将に進級した時は第四選抜に下がっていた。

侍従武官の後、阿南は近衛歩兵第二連隊長となったが、一年で東京幼年学校長に転じた。この異動は必ずしも左遷とはいえないが、幼年学校長は一種の閑職であり、校長時代に少将に進級し、それを最後に予備役に編入されることの多いポストであった。

阿南の在任中の十一年二月、二・二六事件が勃発する。阿南は生徒に対して、反乱部隊の不法を説き、軍の政治関与を戒めたという。

軍の中枢へ

昭和十一年八月、阿南はこの時陸軍省に新設された兵務局の初代局長に抜擢された。兵務局は二・二六事件によって乱れた軍人の軍紀・風紀を取り締まり、典範令の監督、実施を主たる任務として設置された。阿南は、皇道派にも統制派にも属さず、その無色中立性が買われたといわれている。

兵務局長時代の十二年二月、広田内閣が寺内陸軍大臣の辞任により崩壊し、後任首班に宇垣一成大将が指名されたが、陸軍はかっての宇垣軍縮等の反発から陸軍大臣を推薦せず、宇垣内閣を流産させた。この時阿南は「大命に抗するような行動は取るべきではない」と批判的であったという。

十二年三月、阿南は人事局長に進み、いよいよ軍の中枢に地位を占めるようになる。この時期陸軍大臣は杉山元であった。人事局長在任中の十三年三月、阿南は中将に進級した。この時も第三選抜組であった。

中将進級後の十三年十一月、第百九師団長に親補され中国に出征する。人事局長の中には、自己の転任に際してお手盛り人事をする者も少なくなかったといわれているが、阿南は、支那事変勃発により新設された兵員、装備劣等の特設師団を希望し、伝統ある精鋭師団の第五師団長には、一期後輩の今村均中将（阿南と同時に中将に進級した）を充てたと伝えられている（『陸軍省人事局長の回想』額田坦）。

しかし、これには異説があり、病気で倒れた第百九師団長の後任を、人事局長として起案しても時の陸相板垣征四郎が次々と反対し、最後に阿南の名を入れて持っていったところ漸く決裁が取れたという。板垣とは余り合わず、体よく追い出されたとの説である（『都道府県別に見た陸軍軍人列伝　西日本編』藤井非三四）。

師団長から陸軍次官

第百九師団は、昭和十二年八月に金沢で編成された特設師団である。編成後直ちに中国に派遣され、北支那方面軍の直轄師団として各種の治安維持作戦に従事したが、阿南は常に「徳義は戦力なり、軍の大小を論ぜず、状況判断が他部隊と関連せる場合は必ず徳義に立脚し、武士道的用兵に終始すべく、これ皇軍たるゆえんなり。海陸軍の協力の如きは茲に着意の要大なり」を信条として、その後の軍司令官、方面軍司令官時代も変らなかった。

山西軍殲滅作戦で敵四個師団を包囲攻撃した際、投降した中国軍二千名の捕虜に対して「祖国のために互いに敵味方となって戦ったが、個人として何の怨恨があるわけではない。今後十分な保護を与えるから安心して命に従うように」と伝えさせ、食糧、甘味品、煙草、酒まで送り、戦死した部下の慰霊祭を行うときには、敵戦死者の供養塔を建てることも忘れなかったという。こういう将軍ばかりであれば、日本軍の多くの蛮行は発生しなかったであろうし、戦後大きな恨みを買うこともなかったであろう。

阿南は、十四年九月、一年足らず師団長を務めたあと、中央に呼び戻され、陸軍次官に就任する（十月）。内閣はこの年八月に就任した阿部信行大将が首相で、陸軍大臣は畑俊六大将であった。畑の陸軍大臣就任は、天皇の直接の指示であった。

しかし、この阿部内閣は米の不作、物価の値上がり等政情不安の中で、発足後僅か五カ月で辞任する。後継首班は米内光政海軍大将であった。畑も阿南も留任するが、日独伊三国同盟に反対の米内に陸軍が反旗を翻し、畑を辞任させ、後任陸相を推薦せず、米内内閣は半年で崩壊する。軍部大臣現役武官制を悪用したものである。

米内内閣の後、十五年七月第二次近衛内閣が発足する。陸相には東條英機中将が就任した。阿南は引き続き次官の地位にとどまったが、両者の肌合は合わず、東條大臣との間は、何かと円滑を欠いたという。こうした中で阿南は十六年四月、第十一軍司令官に転出する。

阿南の陸軍次官在任一年五カ月の間、最も重要な案件は、日独伊三国同盟問題であったが、積極推進派の陸軍の中で、阿南は陸海協調の精神から、海軍が反対の間は、同盟を無理に進めるべきではないと消極的であったと伝えられている。

軍司令官

第十一軍は、支那派遣軍隷下にあって、中支の漢口に司令部を置いていた。軍司令官時代の阿南の統帥は積極果敢で「どんどん行け、どんどん行け」と幕僚を叱咤激励し、辟易させたという。

この時期大きな作戦としては、漢口から洞庭湖の南にある湖南省の省都長沙を攻撃する長沙作戦があったが、十六年九月の第一次長沙作戦では二週間余りで攻略し、中国軍を駆逐した。しかし、日本軍も長期占領は困難で直ちに反転、原駐地に戻った。ところが中国軍は、これをもって日本軍を撃退したと逆宣伝した。

十七年十二月第二次長沙作戦が発起されたが、この作戦は、武器・弾薬、兵員の不足の中で軍参謀長、参謀副長以下幕僚は総反対の中で阿南の強烈な指導で実行された。上部軍の支那派遣軍も反対であったが、阿南は独断で長沙攻略を決定（後に追認された）した。中国軍は日本軍の再来を予期して、兵力を増強して待ちかまえており、日本軍はその罠にはまる形となった。戦況は悲惨で隷下の第六師団は、中国軍の重囲に陥り、第六師団は師団長自ら突撃を覚悟するほどであったという。日本軍の損害は甚大で、阿南も長沙占領を諦めて遂に後退に転じた。

この作戦は、第一次作戦が失敗であったとの風評が、派遣軍や中央にも広がり、これに反発した阿南の感情的作戦といわれている。当時においても、現在でもやる意味のない不当、愚劣な作戦と評価されている。

しかし、こうした声にも阿南は「人間が如何に積極過ぎると思うようにやっても、神の線より数歩後だ」と積極性の不足を嘆き、反省の色はなかったという。

第二方面軍司令官

昭和十七年七月、阿南は第二方面軍司令官に栄転する。

第二方面軍は、十七年六月、第一方面軍と共に編成された軍で、関東軍隷下に入り北満のチチハルに司令部を置いた。隷下に二個軍を持ち、将来の北正面方向からの対ソ侵攻作戦を受け持つこととされていた。第一方面軍司令官は、阿南と同期の山下奉文中将であった。阿南は、十八年五月、大将に進級するが、二月進級の、山下奉文、岡部直三郎、藤江恵輔に先を越された。

十八年十月、第二方面軍司令部は、豪北地区への進出を命じられた。隷下に第二軍と第十九軍が置かれた。

豪北とは豪州の北方、セレベス島から西部ニューギニアにかけての地帯をいう。阿南は十八年十二月、ミンダナオ島ダバオで統帥を開始し、のちハルマヘラに進出した。

当時、東部ニューギニアは第十八軍（軍司令官安達二十三中将）が、米・豪軍に追われ西へ西へと後退していた。広大なニューギニアも餓島と化していた。この第十八軍も後に（十九年三月）第八方面軍（軍司令官今村均大将）隷下から第二方面軍の隷下に入る。第二方面軍も当初大本営直轄であったが、十九年四月、南方軍の隷下に移される。

豪北担任の第二方面軍は、米・豪軍機の空襲を除いては東部ニューギニアと違って地上戦はなかった。しかし、阿南の統帥は、持論の「徳義は戦力なり」、「守らば即ち足りず、攻むれば即ち余る」を信条として自軍の守備範囲ばかりではなく他軍（第十八軍）への積極的な協力を惜しまなかった。このため、大本営の守勢作戦に飽きたらず、大本営の意向を逸脱することも少なくなかった。大本営が第十八軍の苦境を見かねて持久を命じたことにも反発し、十八軍のアイタペ攻撃を熱烈に支持した。この頃、第十八軍は阿南の指揮下から除かれ南方軍の直轄に移される。十八軍が第八方面軍から阿南の第二方面に移されるときにも情義を理由に阿南は反対したが、南方軍直轄に変る際にも「戦闘序列の乱れは、上司統帥観念の乱れを現わす」と反発した。

野戦指揮官としての阿南は合理主義者ではなく、精神主義重視の日本的な古い型の軍人であった。しかし、部下に対する思いやりや、情義に厚く道義心にも富んでいた。在任中セラム島の一部隊が島民百数十人を処刑した事件が発生した際、阿南はこれを激しく叱責し、その日記に「その思わざるの甚だしき。百数十名の親兄弟はこれに萎縮して、真に皇軍を信頼協力すると思うや。否、否、千載の怨情を呑んで皇軍を鬼畜の如く嫌悪せん」と書き残している。

十九年七月、サイパン島の失陥により、東條内閣が倒れ、小磯国昭（陸軍大将）内閣が誕生した。小磯は陸軍大臣に山下奉文、又は阿南を希望したという。この時阿南を首相にという声が陸軍中堅層から出ている。阿南は、日記の上であるが、東條の後には同期の山下奉文を推している。一方、阿南の目は東條や、小磯に厳しかった。

航空総監

十九年十二月、阿南は、航空総監兼航空本部長兼軍事参議官を命じられ、内地に帰還する。

航空総監は、昭和十三年に創設された航空総監部の長で天皇に直隷した。その任務は戦闘指揮ではなく、航空関係の教育機関である。兼務した航空本部長は、航空兵器工業の指導、育成、監督、新型機種選定等技術関係が主たる任務で、陸軍大臣に隷属した。

阿南の航空総監としての期間は四月までの実質僅か三カ月にすぎなかったが、この間陸海の航空戦力一元化問題や沖縄への米軍来寇対応が重要課題であった。阿南は陸軍部隊の海軍指揮編入に賛成し、沖縄戦については、本土決戦に備えて航空兵力を温存しようとする大本営の方針に反対して、沖縄への戦力集中を主張した。

また、特攻については、かねてから「体当たり決死的壮挙は、吾人軍人としては当然敢行すべき要件なり。然れども上司としては彼山本元帥の特別攻撃隊を決心せる如く、生還の処置は講ずるを武士の情けなりと信ず。若き勇者を徒に散らさざる様務るは先輩の義務なり」と批判的であった。

航空総監時代、参謀本部がこれまで志願の建前をとっていた特攻を正規の部隊として編成、天皇の命令のもとで実施しようとしたのに対し、阿南は「死を唯一の手段方法とする部隊を軍令をもって正式に編成することは統帥の道に反し、皇軍精神の冒涜である」と反対し、認めなかった。

陸軍大臣

昭和二十年四月、木炭自動車内閣として不評であった小磯内閣が倒れ、鈴木貫太郎海軍大将が首相となった。鈴木この時七十七歳、天皇のたっての願いを受けての登板であった。鈴木内閣は終戦内閣と期待され、本人も覚悟して受諾した。その上で鈴木は、陸相に阿南を希望した。阿南は鈴木が侍従長時代侍従武官を務め、両者は相識の仲であった。鈴木は阿南の誠実な人柄と、天皇に対する忠誠心の篤さをよく知っていたという。

阿南は、陸軍大臣に擬せられたことはこれまでも何度もあり、鈴木は、阿南なら陸軍の反対はなく、さらに、最後（終戦）は陸軍を抑えられると期待したのではなかろうか。

阿南入閣について陸軍はすんなり同意したが、鈴木に対し①戦争継続、②陸海軍一体化、③本土決戦必勝のため陸軍が企図する諸対策の実施の三条件を付けた。鈴木はこれをあっさりと呑んだ。この三条件について阿南は直接関与していないが、阿南の個人的意志とは別に、陸軍代表としての阿南には重くのしかかってきたであろう。

阿南は第二方面軍司令官時代から大局の見えたこの戦争を、何とか名誉ある形で終結させたいとの意向をかっての部下であった沼田多稼蔵南方軍総参謀長等にも漏らしている。

阿南は入閣にあたって、内閣書記官長の人事を聞き、それが岡田啓介海軍大将（元首相で二・二六事件で襲撃されたが難を逃れた）の女婿である迫水久常であることを知ると、「それなら良い。それ以外なら陸軍の了解を取って欲しい」といったと伝えられている。岡田が和平派であったことを阿南が知らなかったはずはないし、鈴木が終戦処理内閣であることも十分理解していたであろう。

しかし、四月七日の鈴木内閣誕生以来、終戦の足取りは遅々として進まない。宿敵ソ連に和平の斡旋を頼もうとしたり、迷走が続く。

この頃の阿南の思いは、本土決戦にはなく、沖縄に全戦力を集中して、ここで米軍に一撃を与え、その上での条件付講和を勝ち取ろうというものであったと思われる。

しかし、その沖縄戦は、五月三日の総反撃に失敗し、沖縄守備軍は首里を捨て南部に後退、先が見えた。

こうした中の六月六日、最高戦争指導会議が開催され、国力の現状、世界情勢判断等が検討された。国力の現状は、国力が既に破断界に達しており、世界情勢も既に頼みのドイツはなく、ソ連参戦が危惧されるなど絶望的であったが、会議は国体の護持と皇土の保全を目的として戦争継続を決定した。会議の間阿南は殆ど発言しなかったという。この決定は、八日御前会議にかけられ承認されたが、天皇も一切発言しなかった。

しかし、天皇は沖縄戦終了の前日（六月二十二日）、戦争指導会議のメンバー（鈴木総理、東郷外相、阿南陸相、米内海相、梅津参謀総長、豊田軍令部総長）を呼び、「これは命令ではなく、あくまで懇談である」と前置きした後で、「戦争指導については先の御前会議で決定しているが、他面戦争の終結についても、この際従来の観念にとらわれることなく、速やかに具体的研究を遂げ、これが実現に努力せんことを望む」と初めて公式に終戦の意向を示した。

この天皇の意向に対して、総理、外相、海相は「仰せの通りその実現を図りたい」旨答えたが、阿南は発言しなかったため、天皇から「陸軍大臣はどうか」と発言を促されたが、阿南は「特に申上げることはございません」としか答えていない。また、黙っていた梅津参謀総長も発言を促され「慎重に措置する必要がございます」と答えたところ天皇はさらに「慎重にとは敵に一撃を加えた後にということではあるまいな」と釘を刺され、「そうではございません」と答えている。

ポツダム宣言

こうして天皇の終戦への意向が明確に示されたことにより、水面下の動きに過ぎなかった和平への道が公式に模索されるようになった。しかし、その道は米英に対する直接的な働きかけではなく、近衛元首相をソ連に派遣し、和平の仲介を頼もうという幻想的なものであった。特使派遣に対するソ連の回答を鶴首して待っていた政府に届いたのは、日本降伏を求めるポツダム宣言であった。これを日本政府が傍受したのは、七月二十七日午前六時であった。広島への原爆投下まであと十日、ソ連参戦まであと十二日しかない。

ポツダム宣言の受諾をめぐり政府は、即時受諾派と条件交渉派に分裂し、一致した対応をとることが出来ず、徒に日を重ねた。この間、鈴木首相のポツダム宣言「黙殺」発言などもあり、八月六日、広島に人類最初の原爆が投下され、八日にはソ連が日ソ中立条約を無視して満州に怒濤のように侵入してきた。さらに翌九日には、追い打ちをかけるように長崎に二発目の原爆が投下された。日本は断末魔の苦しみにさらされたが、我が国がポツダム宣言を受諾するためには二度にわたる天皇の聖断が必要であり、受諾通告は十四日深夜になった。

六月に天皇の終戦の意向が明確に示されていたにも拘わらず、ポツダム宣言受諾が遅れた最大の理由は、軍部代表としての阿南の抵抗であった。阿南は、ポツダム宣言の内容では、国体の護持は出来ない。本土決戦により敵に一撃を与えた上で、有利な条件を勝ち取って和を結ぶべきだと強硬に主張した。七月中にポツダム宣言を受諾していれば、二度にわたる原爆も、ソ連の参戦もなかった。シベリア抑留もなかったであろう。阿南をはじめとする軍部の責任は極めて重い。

阿南の真意

天皇に対する忠誠の念厚い阿南が、天皇の意向に反して本土決戦による一撃論を執拗に主張したのはなぜであろうか。今日なお、阿南の真意はつかみ切れていない。

阿南の真意について三説ある。

第一は、本気説である。阿南は本気で本土決戦によって米軍に一撃を与えた上で、有利な条件で講和を勝ち取りたい。それが可能だと思っていたというのである。

第二は、腹芸説である。円滑な終戦に向けて強硬派の暴発を避けるために、和平の真意を隠して一芝居も、二芝居も打ったというものである。

第三は、気迷い説である。阿南は一と二の間で最後まで揺れていたというものである。

阿南と極めて近かった軍人の間でも意見は分かれており、それぞれになるほどと思わせる傍証がある。

阿南が比較的早くから終戦の道を模索していた証拠はいくつか残されているが、ただ無条件で早期和平をと考えていたわけでもない。といって、その為に「鈴木和平内閣」を潰すつもりもなかったことも明かである。それどころか、和平派の米内海相が辞任しようとしたとき、本気でこれを止めて内閣崩壊を支えている。しかし、自決の際、「米内を斬れ」といったとも伝えられており、その真意も不明である。

今となっては、阿南の真意を確かめる術もないが、大元帥である天皇の意向と軍人としての意地や誇りが混ざり合って、迷いに迷っていたのではなかろうか。そのことが陸軍大臣としての阿南の行動を分かり難くしているように思われる。

死の状況

閣議

昭和二十年八月十四日、午前十一時からの御前会議、その後の閣議を経てポツダム宣言受諾が正式に決定され、翌十五日正午に天皇の放送が行われることになった。

阿南は、この最後の御前会議でも、これまでの国体護持についての連合国への再照会と、これが受け入れられない場合の継戦を主張したが、天皇の「阿南、阿南、おまえの気持ちは良くわかっている。しかし、私には国体を守れる確信がある」との言葉で全ては終わった。

その後の閣議での阿南の主張は、勅語の文言の中の「戦勢日ニ非ナリ」を「戦局必ズシモ好転セズ」として欲しいとの修正と、発表時期を不測の事態を避けるため、夜中ではなく翌朝にしたほうがよいというものだけであった。勅語の発表方法について皆が鳩首している中で、「畏れ多いことだが、先ほど陛下がああおっしゃったから、陛下に放送をお願いしてはどうだろうか」と提案し、皆がこれに賛成したと伝えられている。何かが吹っ切れたような態度である。

自決

阿南が陸相官邸に戻ったのは十四日の深夜である。自決は十五日の午前五時頃と伝えられており、目撃者が三名いる。義弟の陸軍省軍務課員の竹下正彦中佐、軍事課の井田正孝中佐、秘書官の林三郎大佐である。

竹下が午前一時半頃、陸相官邸を訪れた時、阿南は入浴して身を清め、遺書を書き終わったところで、それから二人で別れの酒を酌み交わした。午前四時頃クーデター発生を知った林大佐と、森近衛師団長殺害を報告するため井田中佐が官邸を訪れた。この時未だ自決は始まっていなかったが、師団長殺害を聞いた阿南は「そうか、今夜のお詫びも一緒にする」といって、間もなく割腹した。官邸の和室にそった廊下であった。割腹は短刀で、腹一文字に切り、返す刀で首筋を切ったが、未だ意識はあり、竹下の「介錯を」との申し出を断り、「あっちに行け」といい突っ伏したという。絶命は朝七時十分と記録されている。割腹から絶命まで二時間経っていた。絶命まで時間がかかったのは、首筋の傷が頸動脈まで達していなかったらだと検視した陸軍省衛生課長の出月大佐は述べている。

阿南の書き残した遺書は二通あり、一通は「一死　以て大罪を謝し奉る　昭和二十年八月十四日陸軍大臣阿南惟幾　花押　神州不滅を確信しつつ」とあり、もう一通は「大君の深き恵みに浴し身は　言い残すへき　片言もなし　八月十四日夜　陸軍大将阿南惟幾」と記されていた。

阿南は、非常な子煩悩としても知られており、家族思いであったが、家族宛の遺書はなく、義弟の竹下に口頭で、妻への感謝の言葉を始め、家族一人一人に言葉を残したという。

阿南のこの時期の自決に対して、終戦処理の重責を放棄した自決であり、時期尚早、さらには無責任との批判が旧軍人の中にもあるが、阿南としては、まだ残っている内外の五百万人を超える軍人に、己が死ぬことによって終戦の事実を受け入れさせショック療法としてこの日を選んだとの見方もある。

阿南の同期は、阿南の他、山下奉文、岡部直三郎、藤江恵輔、山脇正隆等五名の大将を輩出したが、山下は戦後戦犯として処刑され、岡部も戦犯として拘留中死亡した。藤江、山脇は生きて戦後を過ごしたが、阿南の死は幸せな死であったかも知れない。

参考文献

一死大罪を謝す　角田房子　新潮文庫
戦史叢書　昭和十七、八年の支那派遣軍
戦史叢書　関東軍2
戦史叢書　豪北方面陸軍作戦
長沙作戦　佐々木春隆　図書出版社
陸軍省人事局長の回想　額田坦　芙蓉書房
昭和史の天皇1、7　読売新聞社
都道府県別に見た陸軍軍人列伝　西日本編
藤井非三四　光人社
世紀の自決　額田坦編　芙蓉書房出版
別冊　太平洋戦争証言シリーズ17　回想の将軍・提督
「陸軍大臣阿南惟幾大将を偲ぶ　岩田（旧姓井田）正孝」

陸軍大将

安藤 利吉（宮城）

Ando Rikichi

（写真『歴史と旅―帝国陸軍将軍総覧』 P294）

明治十七年四月三日 生
昭和二十一年四月十九日 没（自決―服毒） 中国（上海） 六十二歳
陸士十六期（歩）
陸大二十六期（恩賜）
印度駐在武官 英駐在武官
功二級 三級

主要進級歴

明治三十七年十一月一日　少尉任官
昭和三年三月八日　大佐
昭和七年八月八日　少将
昭和十一年四月二十八日　中将
昭和十九年一月七日　大将

主要軍歴

明治三十七年十月二十四日　陸軍士官学校卒業
大正三年十一月二十七日　陸軍大学校卒業
大正十四年八月七日　印度駐在武官
昭和二年四月九日　参謀本部第二部欧米課英班長
昭和三年三月八日　大佐　歩兵第十三連隊長
昭和五年三月六日　第五師団参謀長
昭和六年三月十一日　陸軍省軍務局兵務課長
昭和七年五月二十八日　駐英武官
昭和七年八月八日　少将
昭和九年五月七日　参謀本部附
昭和九年十二月十日　歩兵第一旅団長
昭和十年八月一日　戸山学校長
昭和十一年四月二十一日　第五独立守備隊司令官
昭和十一年四月二十八日　中将
昭和十二年八月二日　教育総監部本部長
昭和十三年二月十四日　教育総監事務取扱
昭和十三年四月三十日　免
昭和十三年五月二十五日　第五師団長
昭和十三年十一月九日　第二十一軍司令官
昭和十五年二月十日　南支那方面軍司令官
昭和十五年十月五日　参謀本部附
昭和十六年一月二十日　予備役編入
昭和十六年十一月六日　台湾軍司令官
昭和十九年一月七日　大将
昭和十九年九月二十六日　第十方面軍司令官
昭和十九年十二月三十日　兼台湾総督
昭和二十一年四月十九日　自決

プロフィール

陸大恩賜のエリート軍人

安藤は、仙台二中卒業後陸士に入り、陸大にすすんでこれを恩賜で卒業した。文字通りのエリート軍人である。その軍歴は華麗で、海外駐在、省部の要職、野戦指揮官を万遍なく務めたオールラウンドの軍人でもある。進級も順調で陸軍三長官（陸軍大臣、参謀総長、教育総監）も狙える序列にあったが、北部仏印をめぐる命令違反で、一旦予備役に編入されたが、召集後大将に進級した。

陸大卒業後、安藤は、歩兵第五十連隊の中隊長を務めたあと、大正五年、陸軍省軍事調査委員となったが、大正八年、イギリスに駐在、その後、第一次世界大戦の平和条約実施委員として欧州に駐在、十二年四月、参謀本部附として帰国、参謀本部員、陸大教官をへて、十四年八月、再び印度駐在武官となり、二度目の海外勤務に出た。

帰国後の昭和二年四月、参謀本部第二部（情報部）欧米課英国班長となる。翌三年三月、同期の第一陣で大佐に進級し、直ちに歩兵第十三連隊長を命じられる。連隊長二年の後、五年三月、第五師団参謀長に転じる。安藤の参謀経験はこの時のみである。六年三月、陸軍省軍務局兵務課長となる。兵務課は、軍人・軍属の軍紀風紀に関する事項等を管掌した。

昭和七年五月、駐英武官に任じられ再び渡英する。同年八月、少将に進級。九年十二月、歩兵第一旅団長に任じられ帰国する。安藤の海外勤務は三度、通算八年半に及ぶ。陸軍きっての国際派である。

帰国後の旅団長勤務は八カ月と短く、次の戸山学校長も八カ月で、十一年四月、第五独立守備隊司令官を命じられ、満州に渡る。司令部はハルビンにあった。独立守備隊は関東軍に属し、満鉄線沿線やその要地の守備部隊である。ソ満国境線地帯に布陣する国境守備隊とは、その性格、任務を異にする。

独立守備隊司令官就任一週間後に中将に進級する。トップ進級者岡村寧次、土肥原賢二に遅れること僅かに一カ月であった。

安藤は独立守備隊司令官を一年四カ月務め、十二年十二月、教育総監部本部長に栄転、内地に帰還する。教育総監部は陸軍の教育を担任する部署で、参謀本部管掌の陸軍大学や航空関係学校を除く多くの諸学校を管掌した。本部長はトップの教育総監に次ぐナンバーツーの地位である。当時総監は畑俊六大将であったが、畑が中支派遣軍司令官に転出し、後任の西尾寿造中将が任命されるまで二カ月間、総監事務取扱として、実質トップの地位にあった。

野戦指揮官

安藤は、これまでも連隊長、旅団長、独立守備隊司令官など野戦指揮官の経験も豊富であったが、十三年五月、第五師団長に親補される。同期の板垣征四郎の後任であった。第五師団は、かつて安藤が参謀長を務めた古巣の師団である。師団は支那事変勃発とともに中国に動員され、当初北支那方面軍隷下で華北で戦っていたが、安藤の師団長時代は、南支に移り第二十一軍の下で広東攻略戦等に参加した。

安藤は、十三年十一月、第二十一軍司令官に昇進する。前任の古荘幹郎中将の発病によるという。

初めての師団長就任後僅か半年での軍司令官昇進は他に例を見ない。

第二十一軍司令官時代安藤は、隷下の第五師団（師団長今村均中将）以下三個師団を指揮して、援蒋ルート遮断のための南寧攻略戦や翁英作戦、賓陽作戦等を実施、激戦の末中国軍を駆逐した。特に南寧作戦では第五師団が中国軍の包囲にさらされ、師団の第二十一旅団長中村政雄少将が戦死する程の苦戦であった。

軍司令官時代、海外勤務の長かった安藤はウイスキーの好みもうるさく、幕僚はその調達に苦労したという。ある時スコッチウイスキーのジョニクロのびんに国産酒を入れて出したら「やはり黒はいいね」といったとの話を仕えた参謀が書き残している。

十五年二月、大本営は南支那方面軍を編成し、安藤は同方面軍司令官に昇進した。師団長、軍司令官、方面軍司令官と、とんとん拍子の出世である。野戦司令官としての評価も高かったのであろう。

北部仏印進駐

これまでの安藤の輝かしい軍歴も、十五年九月に発生した北部仏印進駐問題をめぐる混乱で、突如終わる。

当時、中国の粘り強い抵抗に手を焼いていた大本営は、仏領インドシナ国境（現ベトナム）からの援蒋（蒋介石支援）ルートを遮断しようと、ドイツ占領下のフランス本国の弱みに付け込み、ハノイ、ハイフォン、ドンダン等の北部仏印に進駐し、国境を封鎖しようとした。

政府は、平和裡に現地フランス植民地当局と外交交渉によって進駐しようと西原一策少将を長とする西原機関を派遣し、交渉させていた。交渉の結果平和進駐が合意されたが、大本営から派遣された富永恭次作戦部長及び現地軍の一部の策謀によって武力衝突が発生、武力進駐となった。

これによって西原少将が「統帥乱レテ信ヲ中外ニ失ウ」と大本営宛の抗議をしたり、進駐部隊を護衛してきた海軍部隊が上陸目前に護衛を打ち切って帰還するなどの大問題となった。これは、天皇や政府の意向を無視した暴走であった。

この暴走の一端を担ったのが、南支那方面軍参謀副長佐藤賢了大佐であった。このため安藤は、同年十月、参謀本部附となり、翌十六年一月、予備役に編入された。この事件は富永大本営作戦部長と佐藤第二十二軍参謀副長の策謀により引き起こされたもので、方面軍司令官の安藤も隷下の久能第二十二軍司令官も殆ど関与していないといわれている。久能も殆ど同時に予備役編入となった。

一方、策謀の中心人物であった富永作戦部長は、一時東部軍附となり、その後満州の公主嶺戦車学校長に左遷されたが、半年後の十六年四月、陸軍省人事局長に返り咲く。佐藤参謀副長は特に責任を問われることもなく十六年三月、陸軍省軍務課長に栄転する。

死の状況

召集

予備役中の安藤は、昭和十六年十一月、召集され台湾軍司令官に親補された。大東亜戦争開戦を控えて軍司令官級の人材不足に対応したものである。

方面軍司令官を務めた安藤にとっては、台湾軍司令官はいささか役不足と感じられたが、十九年一月、大将に進級した。その後戦況悪化にともない、台湾軍は同年九月、作戦軍に格上げされ、兵力も増強されて第十方面軍となり、安藤が引き続き軍司令官を務めた。さらに十二月には台湾総督も兼ねた。台湾の軍・政の両権を握った。

一旦予備役に編入され、召集された後要職につき、大将に進級したことは稀有の例である。他には、昭和十六年十二月に予備役に編入されたが、十七年九月、ボルネオ守備軍司令官として召集され、十九年九月、大将に進級した山脇正隆の例があるのみである。山脇は同年十二月、召集解除となり予備役に戻った。

第十方面軍司令官としての安藤は、沖縄の第三十二軍も指揮下に置いたが、沖縄戦については、大本営と三十二軍の中二階にあって殆ど出番はなかった。沖縄守備軍は戦略持久方針であったが、方面軍は出撃を強要する大本営に同調して度々出撃を勧奨し、激励電報を打つのみであった。

戦犯

戦後、安藤は台湾空襲で撃墜された米機搭乗員捕虜十四名を処刑した容疑で戦犯指定され、中国軍に逮捕された。これは東條陸軍大臣（総理）の米機の搭乗員捕虜は、無差別爆撃の国際法違反であるから軍律会議（裁判）にかけて処刑せよとの方針に沿ったものである。安藤は参謀長の諫山春樹中将等とともに二十年四月に逮捕され上海に送られた。送られて四日後の四月十九日、安藤はかねて軍服に縫い込んでいた青酸カリを服毒して自決した。

参謀長の諫山中将宛の遺書が残されており、その中には「身に余る皇室の処遇を忝うし、栄達を得ながら敗戦となり恐懼に耐えず、その責任を負い自決する。また戦犯裁判はその全責任を軍司令官が負うべきもので、参謀長以下には責任はない。今や為すべきことは終わった。ただ、気にかかるのは戦犯裁判であるが、皆で協力して善処してくれ。自分は敗戦の責めをおって自決するのだ」と書かれていたという。

第十方面軍隷下の第十二師団長人見秀三中将も逮捕直前の四月十三日、自決している。しかし、上海法廷で起訴された台湾軍律会議事件は米軍によって裁かれたが死刑に処せられた将官はいなかった。安藤の同期からは、四人の大将がでた。支那派遣軍総司令官岡村寧次、教育総監や第十二方面軍司令官を務めた土肥原賢二、陸軍大臣、第七方面軍司令官を務めた板垣征四郎と安藤である。

参考文献
戦史叢書　支那事変陸軍作戦
戦史叢書　大本営陸軍部2
統帥乱れて　大井篤　芙蓉書房出版
陸軍省人事局長の回想　額田坦　芙蓉書房
別冊丸　太平洋戦争証言シリーズ17
　回想の将軍・提督「挿話と写真で偲ぶ陸軍の緒将星—白井正辰」
世紀の自決　額田坦編　芙蓉書房出版
孤島の土となるとも　岩川隆　講談社

大将

田中静壱（兵庫）

Tanaka Shizuiti

（写真『日本軍閥の興亡』P14）

明治二十年十月一日　生
昭和二十年八月二十四日　没（自決）　東京　五十七歳
陸士十九期（歩）
陸大二十八期（恩賜）
英駐在　メキシコ駐在武官　駐米武官
功三級

主要進級歴

明治四十年十二月二十六日　少尉任官
昭和五年八月一日　大佐
昭和十年八月一日　少将
昭和十三年七月十五日　中将
昭和十八年九月七日　大将

主要軍歴

明治四十年五月三十一日　陸軍士官学校卒業
大正五年十一月二十五日　陸軍大学校卒業
大正十五年五月一日　メキシコ駐在武官
昭和三年三月二十二日　参謀本部第二部
　欧米課アメリカ班長
昭和五年八月一日　大佐　歩兵第二連隊長
昭和七年五月二十八日　駐米武官
昭和九年五月七日　参謀本部附
昭和九年八月一日　第四師団参謀長
昭和十年八月一日　少将　歩兵第五旅団長
昭和十一年八月一日　憲兵司令部総務部長
昭和十二年八月二日　関東憲兵隊司令官
昭和十三年七月十五日　中将
昭和十三年八月二日　憲兵司令官
昭和十四年八月四日　第十三師団長
昭和十五年九月二十八日　憲兵司令官
昭和十六年十月十五日　東部軍司令官
昭和十六年十二月二十四日　参謀本部附
昭和十七年八月十五日　第十四軍司令官
昭和十八年五月十九日　参謀本部附
昭和十八年九月七日　大将
昭和十九年八月三日　陸軍大学校校長兼軍事参議官
昭和二十年三月九日　第十二方面軍司令官兼
　東部軍管区司令官
昭和二十年八月二十四日　自決

プロフィール

欧米通のエリート軍人

田中は、兵庫県竜野中学から陸士に進み、陸大を恩賜で卒業したエリート軍人である。陸大卒業後間もなくイギリスに駐在し、隊附勤務の傍らオックスフォード大学で学び、後にメキシコ駐在武官や米国駐在武官を経験している欧米通である。

田中の陸士第十九期は、長い陸士の歴史の中で唯一全員が中学校出身者という、特異な期であり、陸大卒業成績上位者（十五位までという）に与えられた海外駐在も、ドイツに行ったのは河辺正三一人に対し、アメリカ又はイギリスへは十一人の多きを数える。これまた際だった特徴を持っている。ちなみに中国駐在経験者は五名いる。

しかしながら、欧米駐在経験者で、陸軍省や、参謀本部の中枢に座ったのは、参謀本部作戦課長を務めた今村均と第二部長（情報）を務めた本間雅晴の二名しかいない。この二人も短期間で主流を追われている。ただ一人ドイツに駐在した河辺も軍政（陸軍省）や軍令（参謀本部）の中枢に位置したことはなく、教育総監部畑であった。この期は、今村均、河辺正三、喜多誠一および田中が大将に進級したが、いずれも軍主流には属さなかった。

幼年学校、陸士、陸大、ドイツ駐在といった軍の本流から見れば、中学卒業者で、欧米駐在者は今一歩異端視されていたのかも知れない。同期で唯一参謀次長として大東亜戦争開戦を主張した塚田攻がいるが、塚田は海外駐在を経験しなかった。塚田も大将進級の可能性があったが、十七年十二月、中国戦線で墜死した（死後大将となった）。

田中は陸大卒業後、陸軍省軍務局員として見習い勤務を経て、大正八年三月からイギリス駐在を命じられ、オックスフォード大学で学んでいる。十一年六月、参謀本部員として帰国するが、十五年五月にはメキシコ駐在武官としてメキシコに渡り、昭和三年三月まで勤務する。帰国後参謀本部第二部欧米課アメリカ班長をつとめ、五年八月、大佐進級とともに歩兵第二連隊長を命じられる。進級は今村等とともに第一陣であったし、連隊長就任は同期のトップであった。

歩兵第二連隊はもともと佐倉編成で第一師団所属であったが、明治四十一年新設の第十四師団（宇都宮）に編成替えとなり、駐屯地も水戸に変った。昭和六年九月、満州事変が勃発し、その戦火が上海に飛び火（第一次上海事変）した際、第十四師団は動員され（七年三月）上海派遣軍隷下で戦った。

上海での戦火は間もなく終息し、師団は関東軍に転属となり、連隊も満州に移った。その間、田中は七年五月、アメリカ大使館附武官に替る。田中の海外勤務は三度目であり、イギリス、メキシコ、アメリカで通算七年を過ごしている。陸軍でも有数の欧米通である。しかし、殆どの欧米勤務経験者に共通するが、彼等には軍の中枢で活躍する場は与えられなかった。

九年五月、参謀本部附として帰国し、八月第四師団参謀長となる。この時期の師団参謀長は、これまでのキャリアからみて栄転とはいい難い。やや左遷の匂いがする。

しかし、翌十年八月、無事に同期の第一陣で少将に進級し、歩兵第五旅団長に栄転する。第五旅団は名古屋の第三師団所属で、当時満州に駐屯していた。

憲兵司令官

田中の旅団長勤務は一年で、十一年八月、憲兵司令部総務部長に転ずる。在職一年にして、十二年八月、関東憲兵隊司令官となり満州に渡る。十三年七月には中将に進級して、八月には憲兵司令官に昇進する。十一年二月の二・二六事件後の粛軍人事の一環として、田中の派閥色、政治色のなさが買われたものだという。憲兵は戦闘を本旨としない職務上、軍内にあっては余り高く評価されず、憲兵は軍人にあらずとの声もあったという。田中にとっても不本意なものではなかったであろうか。

田中は、憲兵司令官一年にして十四年八月、第十三師団長に親補され、中国戦線に出征、第十一軍隷下でかん湘作戦、宜昌作戦等に参加する。宜昌作戦では主力として激戦の末宜昌を攻略した。

田中の中将進級は、今村等に比べてすこし遅れ第二選抜組となり、また師団長就任も憲兵司令官に回り道をしたため、若干遅れた。

ところが、十五年八月、田中はまた憲兵司令官に呼び戻された。東條陸軍大臣の指名によるという。親補職である師団長の地位は、天皇に直隷していると考えられ特別の重みがあったが、憲兵司令官は陸軍大臣に隷属しており、師団長から憲兵司令官への転任は異例で、格下げといっても良かった。前任の憲兵司令官豊島房太郎中将は田中より三期後輩で、就任二カ月足らずであった。

田中と東條の接点は全くなく、東條閥でもない。田中は政治にも関心はなく、政治家と名の付く人物とは会うのも嫌っていたと伝えられている（『昭和憲兵史』）。不可解な人事である。昭和憲兵史には、東條は田中に次官就任を依頼したが断られたとも書いている。田中は、憲兵司令部総務部長、関東憲兵司令官、二度の憲兵司令官と四年にわたって憲兵職を務めている。これも異例である。

軍司令官

十六年十月、大東亜戦争開戦をひかえて田中は、東部軍司令官に昇進するが、十二月にはこれを解任され、参謀本部附となる。急な病にでもかかったのであろうか。その事情は不明である。参謀本部附は八カ月に及び、十七年八月第十四軍司令官を命じられる。

第十四軍は、開戦時比島攻略に当たったが、マニラは簡単に占領したものの、バターン半島に立てこもった米比軍の攻略に手を焼き、軍司令官の本間雅晴中将が更迭され、その後予備役に編入された。田中と本間は同期である。

当時、第十四軍は攻略軍としての任務を解かれ、比島全般の治安維持が任務とされていた。軍容も大幅に縮小され、六千余に上るといわれる比島全島を、わずか一個師団、一個旅団、一独立守備隊その他で守ることとなった。

比島占領後も、比島の治安は容易に回復せず、各地にゲリラが蜂起、着任早々の田中も積極的に前線に出て、討伐を指揮していた。十七年十一月八日には、第十六師団の歩兵団長高野直満少将と歩兵第九連隊長武智漸大佐一行が、ルソン島南部のナガ市郊外を移動中、ゲリラに襲われ武智連隊長が戦死するなど、治安は悪化の一方であった。このため十八年三月、田中は比島中部のパナイ島に軍の戦闘司令所を推進させ、討伐作戦を指揮していたが、これまた移動中にゲリラ部隊に襲撃され一時行方不明となって、軍司令官戦死の情報がマニラの軍司令部に伝えられた。間もなく情報は誤報であったことが分かったが、田中一行はゲリラに包囲され、激闘の後脱出してきたが、帰還した田中以下全身泥まみれであったという。

その後日本軍は、軍司令官襲撃のゲリラに対する報復として、島内の各集落を徹底的に捜索し、その際、住民虐殺等の不祥事が発生している。特にパナイ島最大の都市イロイロ市は、満足な家一軒もないほど破壊され、焼け野原になったという。

その後、田中はセブ島でマラリアに罹って重体に陥り、執務不能となったため、十八年五月、軍司令官を更迭され、飛行機で内地に還送された。後任軍司令官には、南方軍総参謀長の黒田重徳中将が親補された。

田中は、内地帰還後も重態が続き、一時は生きている間に大将進級をと検討されたという。その後手厚い看護で重態を脱したが、完全回復まで一年三カ月にわたって、参謀本部附のまま療養生活を送った。この間予備役に編入もされず、十八年九月には大将に進級している。強運の人である。大将進級はトップの今村均に遅れること四カ月で、二十年三月進級の河辺正三、喜多誠一より一年以上早かった。

十九年八月、病の癒えた田中は、陸軍大学校長兼軍事参事官に親補された。軍事参事官は天皇の軍事上の諮詢機関である軍事参議院のメンバーである。陸・海軍大臣や参謀総長・軍令部総長のようないわば職制議員と将官の中から選任された選任議員がいたが、軍事参議院は、殆ど有名無実の存在と化していた。しかし、専任参議官は親補職とされていたため、親補職の軍司令官や師団長をはずれた者の処遇ポストとして利用されていた。陸大校長は親補職ではないため箔付けとして与えられたものである。

しかし、田中の陸大校長在任は短く、翌二十年三月には本土決戦に備えた関東防衛担任の第十二方面軍司令官兼東部軍管区司令官に親補された。方面軍は作戦軍であるが、軍管区は、管内の警備、兵員の徴集、召集、補充等を行う一種の事務機関である。田中は、日本の中枢部である関東地区への米軍上陸に備えて、決戦準備を進めていたが、八月十五日遂に終戦を迎えた。

クーデター

二十年八月十四日、最後の御前会議において、天皇の聖断によりポツダム宣言受諾が決定し、翌十五日正午に天皇の戦争終結のラジオ放送が行われることとなった。しかし、これを阻止して、あくまで国体護持のため徹底抗戦を主張する陸軍省の中堅将校を中心に、二・二六事件を上回るクーデターが計画された。

クーデター計画は、阿南陸軍大臣、梅津参謀総長、田中東部軍管区司令官、森近衛師団長の同意を得て、東京を戒厳令下に置き、君側の奸を除いて戦争推進内閣を樹立しようというものであった。

この計画に対して、阿南は終始賛否を明確にしなかったが、阿南が相談した梅津は反対し、反乱将校が説得に赴いた田中もこれを一喝、追い返したため、大規模なクーデター計画は潰えた。

しかし、諦めきれない一部反乱将校は、反乱に同調しない森近衛師団長を殺害し、偽命令により近衛師団を動員して、皇居を占拠、封鎖した。天皇のラジオ放送用の録音盤を奪取して、放送を阻止しようとしたが、録音盤は一侍従の機転により奪取を免れた。

こうした動きに田中は、十五日黎明とともに副官と参謀一人を帯同して皇居に向かい、完全武装で出動した近衛師団に対し「師団命令は偽命令である。師団長は殺害された。以後軍司令官が直接指揮をとる」と伝え、部隊を解散させるとともに、宮中に軟禁されていた侍従武官長を始め、関係者を解放した。

田中はこの時、偽命令により反乱に参加した一部指揮官に対し「潔く我々は敗れよう。そして責任をとろう。おまえ達のみが責任をとるのではない。軍司令官も立派に責任をとる覚悟を決めている。散り際だけは軍人らしく散れ。これが日本陸軍最後の姿だ」と説いたと伝えられている(『世紀の自決』)。

この日の夕方、天皇は田中を宮中に呼び「今朝の軍司令官の処置は真に適切で深く感謝する」と述べるとともに「今日の時局は真に重大でいろいろの事件が起きることは覚悟している。非常の困難のあることは知っている。しかし、かくせねばならぬのである。田中このうえともしっかりやってくれ」と頼み込んでいる(『昭和天皇発言記録集成』芙蓉書房)。

死の状況

自決

軍の動揺は、八月十五日を過ぎても収まらず、水戸通信隊の上野山占拠、海軍厚木航空隊の反乱、陸軍予科士官学校教官、生徒による川口通信所の占拠等が相次いだ。川口通信所の占拠は八月二十三日～二十四日のことであったが、田中はこの時も自ら川口に来て、承詔必謹と軽挙妄動を諫めている。第十四軍司令官時代も田中は、常に自ら第一線に出向いて指導することが多かったが、終戦時の混乱についても同様であった。

二十四日、川口から東京の東部軍管区司令部に戻った田中は、身辺を整理した上、軍司令官室に副官を呼び、副官が部屋に入った瞬間拳銃で自決したという。机の上には上司の第一総軍司令官杉山元帥や隷下の軍司令官及び家族に宛てた遺書と十五日に天皇から賜った「お言葉」を書き記した紙片が置かれていたと伝えられている

田中の自決は、五月二十六日の空襲による皇居炎上、敗戦に伴う反乱将校の皇居占拠等に対するお詫び等が込められたものだといわれている。

隷下の軍司令官宛に次のような遺書が残されている。

御聖断後、軍ハヨク統制ヲ保持ス。一路大御心ニ副イ奉リアルヲ認メ深ク感謝仕リ候。茲ニ私ハ方面軍ノ任務ノ大半ヲ終リタル機会ニ於イテ将兵一同ニ代リ闕下ニオ詫ビ申上ゲ、皇恩ノ万分ノ一ニ報ズベク候。

閣下並ビニ将兵各位ハ厳ニ自重慈愛断ジテ軽挙ヲ慎マレ以テ皇国ノ復興ニ邁進セラレンコトヲ。

皇恩ノ忝ナキニ吾ハイクナリ

八月二十四日

田中軍司令官

各軍司令官閣下

直轄部隊長殿

参考文献

昭和憲兵史　大谷敬二郎　みすず書房
戦史叢書　支那事変陸軍作戦3
防人の詩　レイテ編　京都新聞社
昭和天皇発言記録集成　芙蓉書房
世紀の自決（改訂版）　額田坦編　芙蓉書房出版
一死大罪を謝す　角田房子　新潮文庫

大将

本庄　繁（兵庫）

Honjyo Shigeru

（写真『日本軍閥の興亡』P10）

明治九年五月十日　生
昭和二十年十一月二十日　没（自決—割腹）東京　六十九歳
陸士九期（歩）
陸大十九期
支那駐在
功一級、功三、功四
男爵

主要進級歴

明治三十一年六月二十七日　少尉任官
大正七年六月十日　大佐
大正十一年八月十五日　少将
昭和二年三月五日　中将
昭和八年六月十九日　大将

主要軍歴

明治三十年十一月二十九日　陸軍士官学校卒業
明治四十年十一月三十日　陸軍大学校卒業
大正二年一月十五日　参謀本部第二部支那課支那班長
大正二年六月九日　兼陸大教官
大正六年八月六日　参謀本部第二部支那課長
大正七年六月十日　大佐
大正八年四月一日　歩兵第十一連隊長
大正十年五月三十日　参謀本部附（張作霖顧問）
大正十一年八月十五日　少将
大正十三年八月二十日　歩兵第四旅団長
大正十四年五月一日　駐支武官
昭和二年三月五日　中将
昭和三年二月二十九日　第十師団長
昭和六年八月一日　関東軍司令官
昭和七年八月八日　軍事参議官
昭和八年四月六日　侍従武官長
昭和八年六月十九日　大将
昭和十一年三月二十三日　待命
昭和十一年四月二十二日　予備役編入
昭和十三年四月十八日　軍事保護院総裁
昭和二十年五月十九日　枢密顧問官
昭和二十年十一月二十日　自決

プロフィール

支那通の重鎮

本庄は、鳳鳴義塾中学を経て、大阪地方幼年学校、陸士、陸大に進んだエリート軍人である。陸大には明治三十五年に入学したが（陸士卒業後五年という異例の早さ）、日露戦争に出征、中隊長時代に負傷したため治療のため陸大を休学、三十九年に復学、四十年に卒業した。

陸大卒業後、支那駐在を命じられ、北京、上海に駐在、その後、参謀本部第二部支那課支那班長、支那課長、張作霖顧問、駐支武官等を歴任し、いわゆる支那屋の道を歩む。しかし、板垣征四郎や、土肥原賢二等のように特務機関勤務の経験はなく、謀略畑ではない。野戦指揮官としては、参謀本部支那課長のあと。歩兵第十一連隊長（大正八〜十年）、歩兵第四旅団長（十三〜十四年）、第十師団長（昭和三〜六年）を務めているが、その間、張作霖顧問（大正十〜十三年）、駐支武官（十四〜昭和三年）と中国勤務と野戦指揮官を交互に務めている。その間、進級も順調で同期のトップで大将まで上り詰めた。

本庄の陸士同期（九期）は、阿部信行（首相）、真崎甚三郎（教育総監）、松井石根（中支方面軍司令官兼上海派遣軍司令官）、荒木貞夫（陸軍大臣）、林仙之（東京警備司令官）等六名の大将を輩出した。六名も大将を出したのはこの期のみである。次いで多いのは十八期の五名（山下奉文、岡部直三郎、藤江恵輔、阿南惟幾、山脇正隆）である。

満州事変

本庄の名を著名にしたのは、関東軍司令官時代の満州事変である。本庄は姫路の第十師団長を異例の三年半の長きにわたって務め、昭和六年八月関東軍司令官に昇進する。当時日本には師団の上の軍は関東軍、朝鮮軍、台湾軍の三つしかない中での軍司令官就任である。

軍司令官就任間もない九月十八日（着任は九月一日という）、関東軍（の一部）が、奉天（現瀋陽）近郊の柳条溝付近で満鉄（南満州鉄道）線路を爆破した。破壊の程度はたいしたことはなく、爆破直後列車が無事通過している。これを関東軍は中国軍の攻撃と主張（中国軍の軍服を着せた死体を数体おいて偽装）し、かねて内地から密かに運び込んでいた二門の二十四センチ榴弾砲で北大営の中国軍駐屯地等を砲撃して、中国軍と戦闘に入った。満州事変の勃発である。さらに関東軍は、特務機関を使って各地に爆破事件等を起こさせ、居留民保護を名目として、第二師団を出動させるとともに、隣接軍の朝鮮軍に救援を求め、さらに中央に三個師団の増派を求めた。

朝鮮軍は、出動をしぶる軍司令官の林銑十郎中将を、一味の神田正種参謀等が説得し、応援部隊を越境させた。これは天皇の承認のない出動で、天皇の大権に対する重大な違反行為（陸軍刑法では死刑にも相当する）であったが、後に既成事実として追認された。また、当初不拡大方針の政府も軍部の圧力により三個師団の増派を認めた。

こうした動きは、関東軍の板垣征四郎高級参謀（大佐）や石原莞爾作戦参謀（中佐）等の謀略で、これに朝鮮軍の神田参謀少佐、参謀本部の重藤千秋支那課長（大佐）、陸軍省の永田鉄山（軍事課長）

大佐等を同志とする中堅幕僚の越軌の行動であった。

日本軍は、百日余りで全満州を制圧し、昭和七年三月、清朝最後の皇帝溥儀を摂政とする満州国を樹立させ、九年三月には帝政を敷いて、溥儀を皇帝とした。

天皇の大命なくして独断越境した林朝鮮軍司令官は越境将軍ともてはやされ、本庄関東軍司令官は満州建国の父として賞賛された。

本庄も林も計画は知らされておらず、逡巡するところを本庄は板垣に、林は神田の強硬な説得によって動かされたロボットであった。昭和十四年に発行された伊藤金次郎の『陸海軍人国記』には「当時、事情通は本庄をしてロボットだといった。その真否は知らぬ。しかし、人生、時に臨んでロボットたり得るものは凡人ではない」と書かれている。褒められているのか貶されているのか。

林は、後に大将に昇進し、教育総監、陸軍大臣、総理大臣を務め、本庄も大将となって、満州事変の功により爵位を授けられ男爵となった。さらに、侍従武官長となるが、天皇の意向に反して二・二六事件で反乱軍に肩を持ち天皇の討伐命令に逆らった。

満州事変以降、結果良ければ全て良しとの風潮が蔓延し、軍の下克上や中堅幕僚の専横が高まり、支那事変、大東亜戦争への道をひた走るようになった。

本庄は、昭和七年八月、関東軍司令官から軍事参議官に転じた。帰国後凱旋将軍として、天皇に軍状を報告したが、その際、天皇から「満州事変は、関東軍の謀略であったとの噂を聞くがどうか」と詰問されたのに対し、本庄は「一部軍人及び民間人の間に置いて、左様な企てがあったとのことは、後に、私も聞いて承知しておりますが、当時、本職並びに関東軍としては、謀略はしておりません」

と答えた。たしかに、軍司令官、参謀長以下が組織を挙げて作戦を実施したわけではない。謀略を知らなかった参謀もいる。

この時、陪席した片倉参謀は、天皇の質問に驚愕したが、本庄の答弁を聞いて並み居る諸将も名答弁と安堵したと書き残している（『秘録 板垣征四郎』）。しかし、この時点では、本庄は事件の真相は承知していたはずで、天皇に極めて巧妙な嘘をついた。

侍従武官長

本庄は、しばらく軍事参議官の閑職で事変のほとぼりを冷ました後、八年四月、侍従武官長に親補された。

侍従武官長は、侍従武官長と侍従武官で構成される侍従武官府の長である。侍従武官は、軍事に関して大元帥である天皇に常時近従して、軍事上の奏上、奉答、命令の伝達に当たった。また観兵式や行幸、儀礼、祭典等にも扈従した。参謀総長や軍令部総長からの帷幄上奏は、侍従武官長が取り次ぎ、裁可されたものも武官長が伝達した。天皇と陸海軍を結ぶ重要な神経節である。

この侍従武官長は、陸海軍の大、中将から親補されることになっていたが、明治以来陸軍から選ばれた。その代り天皇に近持してお側の用を司る侍従長は海軍出身者が多かった。侍従武官には陸軍五名、海軍三名が充てられていた。

侍従武官長は、中将で就任し、在任中大将に進級する例が多かったが、本庄も就任直後の八年六月大将に進級し、十年十二月には、満州事変の功により男爵位を授けられた。また、功一級金鵄勲章も授与された。以来、勝てば男爵という言葉が流行ったという。

二・二六事件

本庄の侍従武官長在任は、十一年三月までの約三年に及んだが、その間の最大の出来事は、二・二六事件であった。

昭和十一年二月二十六日早暁、第一師団を中心とする一部将兵千四百数十名が、野中四郎大尉、安藤輝三大尉、栗原安秀中尉等の過激派将校に率いられ、首相官邸、内大臣私邸、教育総監私邸、前内大臣宿舎、侍従長官邸、大蔵大臣私邸、東京朝日新聞社等を襲撃した。

岡田啓介総理はかろうじて難を逃れたが、斎藤実内大臣（海軍大将）、渡辺錠太郎教育総監（陸軍大将）、高橋是清蔵相は殺害され、鈴木貫太郎侍従長（海軍大将）は重傷を負った。

こうした、過激派将校の暴発は、当時の農村の疲弊や社会経済不安に対する反発から生じたものであったが、これを是正するためには。元老、重臣、財閥、軍閥、官僚、政党等の君側の奸を排除、天皇親政の昭和維新を断行する必要があるというものであった。新政権の首班には、皇道派の真崎甚三郎大将が擬せられていた。

この我が国未曾有のクーデターに対する軍首脳の対応は、川島義之陸軍大臣等一部に行動は、殉国の至情に基づくものと容認するものもあり、また傍観派もあって大混乱したが、天皇は終始、これを反乱、逆賊とみなし、即時討伐の方針を堅持した。

天皇は、事件発生以来の軍首脳の対応に飽きたらず、本庄を二〜三十分おきに呼びつけ鎮圧を督促している。この時、本庄も反乱軍に同情的で、天皇に「彼等行動部隊の将校の行為は、陛下の軍隊を勝手に動かせものにして、統帥権を侵すのははなはだしきものにして、固より許すべからざるものなるも、その精神に至りては、必ずしも咎むべきにあらず」と言上したのに対し、天皇は「朕が股肱の老臣を殺戮す、かくの如き凶暴の将校等、その精神に於いても何の恕すべきものありや」と厳しく叱責している。

また、山下奉文陸軍省軍事調査部長（少将）が、反乱将校が自決するというので、勅使の差遣を請け負い、それを本庄を通して天皇に奏上したところ、天皇は非常な不満で「自殺するならば勝手に為すべく、かくの如きものに勅使杯、以ての外なり、直ちに鎮定せよ」と叱責された。戦後の昭和天皇の平和的なイメージとは異なる毅然とした大元帥の姿である。山下はこの件以来、長く天皇の不興を買うことになる。

二・二六事件は、天皇の断固たる討伐意志を受けた統制派の杉山参謀次長などの対応で、一両日で終息し、皇軍相戦う事なく、無血の内に鎮圧された。

本庄の娘婿の山口一太郎大尉が第一師団におり、最終的には決起には直接参加しなかったものの反乱に同調していた。本庄は反乱の第一報を山口から入手し、その中止を指示したが、天皇には伝えていなかった。事件後山口も起訴されたため、本庄はこの責任をとって辞表を提出し、三月二十三日、待命となり、翌四月二十二日、予備役に編入となった。

二・二六事件をめぐる本庄の対応は、反乱軍に同情的で、とかく天皇の意向に逆らうものが多く、承詔必謹とはほど遠かった。本庄はこうした不忠の臣ぶりをその日記（『本庄日記』）に事細かく書き残しているのは、いささか不可解である。何を後世に伝えたかったのであろうか。まさか、反乱軍に対する天皇の対応と己の考えの是非を、後世史家に問うものではあるまいが。

死の状況

軍事保護院総裁

予備役に編入された後、本庄は昭和十三年四月、軍事保護院総裁に就任した。軍事保護院とは、軍人遺家族や傷病兵保護のための施設である。本庄は総裁を七年にわたって務めたが、二十年五月、枢密顧問官に任じられ、終戦を迎えた。軍事保護院総裁時代は、軍人恩給があるからといって俸給を受け取らなかったという。

終戦後、軍事保護院に代る組織として「財団法人遺族及び傷痍軍人並退職軍人補導会」が設立され、その理事長に就任したが、二十年十一月十九日、戦犯に指名され、その翌二十日、旧陸大のあった青山の補導会理事長室で割腹自決した。

額田坦元中将の『陸軍省人事局長の回想』によれば「あらかじめ青酸カリを飲んだ上で、割腹し、頸動脈を切って自決した」とあるが、即効性の高い青酸カリでそのようなことが可能であろうか。青酸カリで自決しようとしたが薬効切れか何かで果たせず、割腹に切り替えたのではあるまいか。

検視書には「まず刀を左下腹部深さ二寸に突き立て、之を右下腹まで一文字に引き回し、さらに之を繰り返すこと二、次いで心臓部を刺すこと同じく三度、最後に又もや三度右頸動脈部を深さ五分、長さ実に五寸に切り裂き事を畢られたり」とある。激痛の中での強烈な精神力であるが、割腹では容易に絶命できないようだ。

遺書には

多年軍ノ要職ニ奉仕シナガラ、御国ヲシテ遂ニ今日ノ如キ破局ニ近キ未曾有ノ悲境ヲ見ルニ立至ラシメタル、仮令退役トハ言ヘ、何共恐惶ノ至リニ耐エズ、罪正ニ万死ニ値ス

満州事変ハ排日ノ極ミ、鉄道爆破ニ端ヲ発シ、関東軍トシテ自衛上止ムヲ得ザルニ出デタルモノニシテ、何等政府及ビ最高司令部ノ指示ヲウケタルモノニアラズ、全ク当時ノ関東軍司令官タル予一個ノ責任ナリトスル

ココニ責メヲ負イ世ヲ辞スルニ当リ謹ンデ至尊ノ万歳、国体護持、御国ノ復興ヲ衷心ヨリ念願シ奉ル

昭和二十年十一月二十日　本庄　繁

とある。遺書は九月に書かれ、既に自決を覚悟していたという説もあるが、そうならばなぜ補導会の理事長を引き受けたのであろうか。「敵国の裁判は受けたくない」といっていたとも伝えられているが、戦犯指名されなければ、生き延びるつもりであったのであろうか。

本庄は、満州事変後凱旋して、天皇に軍状奏上した際、満州事変について関東軍の関与を否定、巧妙な嘘をついているが、遺書の中でも事変を「鉄道爆破ニ端ヲ発シ」と他人事のような書き方で、関東軍が爆破したことを隠している。

本庄の同期の大将、阿部信行、真崎甚三郎、松井石根、荒木貞夫、林仙之の内、本庄が自決し、

松井が南京事件の責めを問われ、処刑された。その他は、無事戦後を生き延びた。

参考文献

昭和の謀略　今井武夫　朝日ソノラマ
秘録板垣征四郎　板垣征四郎刊行会　芙蓉書房
昭和の反乱　上下　石橋恒喜　高木書房
本庄日記　本庄繁　原書房
昭和天皇発言記録集成　芙蓉書房出版
陸海軍人国記　伊藤金次郎　芙蓉書房
陸軍省人事局長の回想　額田坦　芙蓉書房
改訂版　世紀の自決　額田坦編　芙蓉書房

大将

吉本貞一（徳島）

Yoshimoto Teiichi

（写真『日本軍閥の興亡』芙蓉書房　P15）

明治二十年三月二十三日　生
昭和二十年九月十四日　没（自決—割腹）　東京　五十八歳
陸士二十期（歩）
陸大二十八期　恩賜
仏駐在
功二級

主要進級歴

明治四十一年十二月二十五日　少尉任官
昭和六年八月一日　大佐
昭和十一年三月七日　少将
昭和十四年三月九日　中将
昭和二十年五月七日　大将

二主要軍歴

昭和四十一年五月二十七日　陸軍士官学校卒業
大正五年十一月二十五日　陸軍大学校卒業
昭和三年三月八日　陸軍省軍務局軍事課高級課員
昭和六年八月一日　大佐　参謀本部総務部庶務課長
昭和八年十二月二十日　歩兵第六十八連隊長
昭和十一年三月七日　少将　歩兵第二十一旅団長
昭和十二年八月二日　東京防衛司令部参謀長
昭和十三年六月二十日　第十一軍参謀長
昭和十四年一月三十一日　中支那派遣軍参謀長
昭和十四年三月九日　中将
昭和十四年十月十四日　参謀本部附
昭和十四年十一月六日　第二師団長
昭和十六年四月十日　関東軍参謀長
昭和十七年八月一日　第一軍司令官
昭和十九年十一月二十二日　参謀本部附
昭和二十年二月一日　第十一方面軍司令官兼
　東北軍管区司令官
昭和二十年五月七日　大将
昭和二十年六月二十二日　第一総軍附
昭和二十年九月十四日　自決

プロフィール

最後の陸軍大将

吉本は、東京府立第四中学から、東京地方幼年学校を経て陸士、陸大を出たエリート軍人である。陸大は恩賜で卒業しており、卒業後フランスに駐在している。吉本の陸士二十期は、昭和二十年五月に吉本、下村定、木村兵太郎の三名が大将に進級し、帝国陸軍最後の大将（同年六月に死後進級の牛島満を除く）として掉尾を飾った。

なお、この期には朝香宮鳩彦と東久邇宮稔彦の二名の皇族がおり、この二人は皇族として別枠で昭和十四年八月に大将に進級している。

下村は、終戦時に自決した阿南惟幾陸軍大臣の後任となって、帝国陸軍の幕引きをし、木村は開戦前後陸軍次官として東條英機（陸相、首相）を支え、東條失脚後は、ビルマ方面軍司令官に追いやられて悪戦苦闘し、戦後はA級戦犯として処刑されて、それなりに名を残したが、それに比べて吉本は影が薄い。

陸軍省最後の人事局長を務めた額田坦元中将はその著「陸軍省人事局長の回想」で吉本を評して「無臭無味、格別の特徴も難点もない卓越した人」と褒めているのか貶しているのか、苦心の末の評を残している。

吉本は大正十一年九月、三年半に及ぶフランス駐在から帰国し、参謀本部員や陸大教官、等を務め、昭和三年三月、中佐に進級とともに陸軍省軍事課高級課員に昇進している。

軍事課は、陸軍の建制、編成及び団隊配置に関する事項、戒厳、演習及び検閲に関する事項、儀式、礼式及び徽章に関する事項、国際的規約にかんする事項等を所管する課で、予算を通じて陸軍と政治の接点となる軍務局の筆頭課であった。昭和十一年に軍務課が分離し、予算や政策等は軍務課の所管となったが、吉本の在任当時はこれらを全て所管していた。高級課員は課の筆頭職員で、課長を補佐し、省内及び省外との折衝窓口を務めた。吉本の前任は東條英機であった。

昭和六年八月、吉本は同期の第一陣で大佐に進級し、参謀本部総務部庶務課長に栄転する。庶務課は、名称はさえないが参謀本部の庶務事項のほか参謀人事を管掌して力があった。吉本は庶務課長を二年四カ月務め、八年十二月、歩兵第六十八連隊長を命じられる。連隊長も陸大卒のエリート軍人にとっては一つの通過点に過ぎないが、それでも天皇から下賜された軍旗を奉じ、三千人の部下を指揮する連隊長職はそれなりに晴れがましいものであった。

歩兵第六十八連隊は、明治四十一年に岐阜で編成された連隊で、名古屋の第三師団所属である。吉本は連隊長を二年三カ月務めたが、九年四月から転任まで師団と共に満州に派遣され、梨樹鎮地区に駐屯してソ満国境線の警備に当たった。

十一年三月、少将に進級すると共に歩兵第二十一旅団長に栄転する。少将進級も同期の第一陣であった。二十一旅団は広島の第五師団所属である。同師団は、十二年七月、北支事変（のち支那事変に改称）勃発とともに華北に動員され、北支那方面軍（軍司令官寺内寿一大将）隷下で戦うことになるが、吉本は動員直前の十二年八月、東京防衛司令部参謀長に転じ、引き続き内地にとどまった。

東京防衛司令部は、従来の東京警備司令部を改編したもので、首都圏を中心とする防空に関する企画を所管する司令部のみの官庁である。指揮下部隊もない。十五年に東部軍に昇格する。

軍参謀長　軍司令官

昭和十三年六月、吉本はこの時編成された第十一軍参謀長に転じる。軍司令官は岡村寧次中将が親補された。第十一軍は中支に動員され、中支那派遣軍（軍司令官畑俊六大将）隷下に置かれた。

十一軍の最初の任務は、同僚軍の第二軍とともに、中支の要衝武漢三鎮（漢口、武昌、漢陽）の攻略であった。吉本にとっては初の実戦体験である。作戦は八月二十二日発起され、第十一軍は、三個師団基幹の兵力で十一月上旬武漢地区を占領したが、中国軍の抵抗は激しく、隷下の第一〇六師団が優勢な敵と混戦状態となり、師団司令部が危殆に瀕する事態も生じた。

当時武漢地区には、中国政府機関が多数置かれ、また支那事変開戦前、日、米、英、独、ソ、仏の租界が置かれており（攻略時は仏のみ）外国権益、資産が複雑に入り組んでいた。このため武漢の攻略に当たっては、中支那派遣軍も外国権益の保護については十分配慮し、隷下軍に対し厳重な注意命令を発し、さらに重要建築物の保護についても寺院、大学、図書館等のリストを掲げて破壊を禁止している。

第十一軍もこれを受け、参謀長吉本の名で、①第三国権益を尊重し絶対に被害をおよばさないこと、②無益な破壊、放火を厳に戒めること。特に各種文化施設の保護に留意すること。貴重な文献資料の散逸防止。④各種不法行為、特に略奪、放火、強姦等の絶滅等を指示している。このためか武漢攻略戦に当たっては、南京事件のような不祥事は伝えられていない。南京事件もこうした配慮があれば、かなりの程度防げた筈である。

吉本は十四年一月、上部軍の中支派遣軍参謀長に昇進し、三月には中将に進級する。同期の第一陣である。中将進級から半年後、参謀本部附に転じ、次いで十四年十一月、第二師団長に親補される。当時、第二師団は満州に駐屯して、対ソ警備に当たっていたが、十五年秋、内地に帰還した。

吉本は功二級金鵄勲章を授与されているが、十一軍参謀長、中支那派遣軍参謀長時代の功績によるものである。

十六年四月、吉本は関東軍参謀長を命じられ、再び満州に渡る。軍司令官は梅津美治郎大将である。前任参謀長は同期の木村兵太郎であった。吉本の参謀長時代の最重要問題は、十六年七月からの関東軍特別演習（関特演）である。これは、六月二十二日、突如ドイツ軍がソ連に侵攻、独ソ戦が開始された事に伴い、好機を捉えて日本もソ連に侵攻すべく在満三十五万の兵力にさらに馬匹十五万、兵力五十万を投入、大増強したものである。

吉本は参謀長として、対ソ作戦準備、兵力、軍需品の搬送、配備に忙殺されたが、独ソ戦は意の如く進展せず、極東ソ連軍も減少しなかったため、陸軍は北進を諦めた。北進断念を伝えに来た田中新一参謀本部第一部長に、吉本は「独ソ戦の勃発は北方処理のため天与の好機であり（一部略）、今秋開戦に立ち至った場合、作戦には相当の自信がある（『戦史叢書関東軍1』）」と主張している。

その後も吉本はその職に残り、十七年八月第一軍司令官に昇進する。

第一軍は支那派遣軍（軍司令官畑俊六大将）の北支那方面軍（軍司令官岡村寧次大将）隷下にあって太原に司令部を置いていた。吉本にとっては、第十一軍参謀長時代に次ぐ、二度目の中国戦線であり、畑大将や岡村大将との付き合いも二度目であった。同軍は五個師団、三個旅団の兵力で山西省の警備に当たっていた。

この時期、北支では大規模攻勢はとられておらず、占領地の治安回復、民生安定、経済復興が課題となっており、岡村北支那方面軍司令官は、「滅共愛民」、「焼くな、殺すな、犯すな」を訓辞していた。当時北支においては共産軍（八路軍やゲリラ）の浸透が著しく、各部隊は高度分散配置といわれるように、各地に小部隊に別れて配置され、討伐に追われていた。昼は日本軍、夜は共産軍の支配下といわれるような状況にあった。日本軍は、点と線を確保しているに過ぎなかった。

吉本は第一軍司令官就任以来、管内の治安確保の為の各種討伐、粛正作戦に暇がなかったが、十九年四月、在支兵力百万の過半を使用する一号作戦が発起され、第一軍もこれに参加した。日本軍掉尾の大攻勢であった。

この作戦は通称大陸打通作戦と称されたが、北京から仏印に至る鉄道、道路網を啓開、連接し、南方との連絡網を確保し、合わせて沿線の米支空軍の飛行場群を破壊しようという気宇壮大なものであった。北支那方面軍は北京から漢口迄を担当し、主力は隷下の第十二軍が当たったが、吉本の第一軍も助攻としてこれに参加した。北支那方面軍の担当した作戦を京漢作戦といったが、六月上旬には一応作戦目的を完了した。

全般作戦も順調に進展し、十二月には仏印との連結が完了したが、日本軍が通過してしまうと、水銀の塊を一旦断ち切っても、またすぐに一つの玉に集束するように、一旦繋がった鉄道網もたちどころに断ち切られ、破壊した飛行場群も瞬く間に修復された。その間従来の占領地の治安は、兵力不足で一層悪化していた。労多くして意義少ない作戦として、今日なお批判がある。

十九年十一月、吉本は参謀本部附を命じられ、内地に帰還する。三年半ぶりの内地である。しばし戦旅を休めた後の二十年二月、本土決戦に備え新たに編成された第十一方面軍司令官兼東北軍管区司令官に親補される。第十一方面軍は、仙台に司令部を置き、東北地方が担任地域であった。兼任の軍管区司令官は、方面軍が作戦部隊であるのに対し、軍管区は管内の警備、補充（徴兵、召集、動員）

等の軍政機関である。方面軍と軍管区職員は二位一体とされ、主要職員は殆どが兼務者となった。

死の状況

最後の大将進級

吉本は第十一方面軍司令官として本土決戦準備に当たっていたが、二十年五月、同期の下村定、木村兵太郎と共に大将に親任された。陸軍最後の大将進級である。下村は、この時北支那方面軍司令官、木村は、ビルマ方面軍司令官であった。木村の進級は、ラングーンに英軍が迫るや、隷下の部隊を置き去りにして真っ先に脱出、軍司令官逃亡せりと現地将兵の怨嗟の的となった直後だけに、負けても大将かと極めて不評であった。

吉本の十一方面軍司令官在任は、僅か四カ月で、六月には第一総軍附に転じる。不可解な人事である。病気のためともいうが、人事局長が大将の親任状を届けに赴いたところ吉本は水虫がひどくて靴が履けなかったという。たかが水虫で更迭かという気もするが、いずれ、健康が優れなかった梅津参謀総長の後任含みの異動との説もある。しかし梅津の健康不安説は殆ど伝わっておらず、その後の活動ぶりを見ても首肯しがたい。又先任の参謀総長候補の大将もほかにいる。真因は不明である。

自決

二十年九月十二日、第一総軍司令官杉山元元帥が自決し、夫人も相前後して果てた。夫妻の葬儀は十四日、築地本願寺で執行され、吉本が責任者として葬儀を執り行ったという。その吉本は、葬儀後、第一総軍司令部の自室に戻るやいなや、割腹の上、拳銃で心臓を撃ちぬいて自決したと伝えられている（『改訂版 世紀の自決』芙蓉書房）。

しかし、吉本の死は不可解である。吉本は軍人として最高位に上ったとはいえ、国策決定の枢路に位置したことはなく、満州事変、支那事変、大東亜戦争の開戦などにも関与したことはない。命のままに戦ったのみである。戦犯としての追求の可能性も余り高かったとは思えないが、何に責任を感じて自決したのであろうか。遺書も伝えられていないという。

皇族を除いた同期の三大将のうち、木村は大東亜戦争開戦の責任を問われA級戦犯として処刑され、吉本は自決、下村は最後の陸軍大臣として帝国陸軍の幕引きをして、戦後を生き延びた。

この他、同期には将官の自決者が三名、刑死者が一名いる。自決者は、草場辰巳元大陸鉄道司令官（中将）、秋山義兌元第一三七師団長（中将）、城倉義衛元北支派遣憲兵隊司令官（中将）、刑死者は南京裁判で処刑された酒井隆元第二十三軍司令官（中将）である。

なお、死後ではあるが、文字通り最後の陸軍大将となった牛島満第三十二軍（沖縄守備軍）司令官も同期である。

参考文献

陸軍省人事局長の回想　額田坦　芙蓉書房
日本陸軍歩兵連隊　新人物往来社
戦史叢書　陸軍軍戦備
戦史叢書支那事変陸軍作戦２
別冊歴史読本戦記シリーズ32　太平洋戦争師団戦史
戦史叢書　関東軍１
戦史叢書　北支の治安戦
改訂版　世紀の自決　額田坦編　芙蓉書房
陸軍軍人列伝　西日本編　藤井非三四　光人社

中将

中将

秋山　義兌（京都）

Akiyama Yoshimitsu

（写真『世紀の自決』P449）

明治十九年三月十六日　生

昭和二十年八月十七日　没（自決）　朝鮮（咸興）　五十九歳

陸士二十期（歩）

陸大三十二期

功三級

主要進級歴

明治四十一年十二月二十五日　少尉任官
昭和七年八月八日　大佐
昭和十二年三月一日　少将
昭和十四年八月一日　中将

主要軍歴

明治四十一年五月二十七日　陸軍士官学校卒業
明治四十一年十二月二十五日　少尉
大正九年十一月二十二日　陸軍大学校卒業
昭和七年八月八日　大佐　陸軍士官学校附
昭和九年三月五日　歩兵第七十八連隊長
昭和十年三月十五日　第十師団参謀長
昭和十二年三月一日　少将　歩兵第六旅団長
昭和十三年七月十五日　第四師団司令部附
昭和十四年一月三十一日　独立混成第五旅団長
昭和十四年八月一日　中将
昭和十五年八月一日　第五十四師団長
昭和十六年八月二十五日　待命
昭和十六年八月三十一日　予備役編入
昭和十九年八月二十二日　召集　留守第五十五師団長
昭和二十年三月三十一日　中部軍兵務部長
昭和二十年七月三十日　第一三七師団長
昭和二十年八月十七日　自決

プロフィール

無名のエリート

秋山は、陸士、陸大をでたエリート軍人である。しかし、その軍歴はあまり華々しいものではない。中将となり師団長も務めたが、省・部での勤務もなく、比較的早く予備役に編入されており、一般には殆ど無名の将軍である。

昭和七年八月、大佐に進級したが、最初の補職は陸軍士官学校附であった。進級自体は、開戦初期ビルマ攻略に当たった第十五軍司令官を務めた飯田祥二郎中将や沖縄戦で戦死した牛島満中将等と同じ第二選抜組で遅くはない。

秋山は、陸士附として一年七カ月を過ごし九年三月、歩兵第七十八連隊長を命じられる。天保銭組（陸大卒業者）にとって、連隊長職は一つの通過点にしか過ぎないが、陸士附として髀肉をかこっていた秋山にとっては、晴れがましいものであったであろう。

第七十八連隊は、朝鮮龍山編成の第二十師団の隷下にあり、秋山の連隊長時代は衛戍地の龍山に駐屯していた。

翌十年三月、第十師団参謀長に転じる。第十師団は、明治三十一年に姫路で編成された師団であるが、秋山の参謀長在任中は姫路に衛戍していた。

南京事件

十二年三月、秋山は少将に進級し歩兵第六旅団長に昇進する。進級は第三選抜組である。

第六旅団は、金沢編成の第九師団所属で、歩兵第七連隊、第三十五連隊を指揮した。同年七月、蘆溝橋で勃発した支那事変（北支事変）は翌九月、上海に飛び火し、第九師団は上海派遣軍（軍司令官松井石根大将）の隷下に入り、上海戦に投入された。その後南京攻略戦に参加した。南京事件に関して秋山の名が取りざたされることは少ないが、第九師団は城内掃蕩作戦に参加しており、秋山旅団の第七連隊の掃蕩作戦の模様が一部明らかになっている（『南京事件』秦郁彦）。それによると相当数の便衣兵（私服を着た兵隊）や市民の殺害が窺われる。第九師団の『南京攻略戦闘詳報』には「友軍死者四六〇名、傷者一一五六名、敵軍死体四五〇〇名、他に城内掃蕩数約七〇〇〇」報告している（前掲『南京事件』）。

第九師団は、南京城内の掃蕩作戦終了後の十二年十二月二十四日、南京を離れたが、秋山は、十三年七月、第四師団司令部附に転じた。第四師団は、この当時関東軍隷下で満州に駐屯していた。秋山は、師団司令部附として五カ月英気を養ったあと、十四年一月、独立混成第五旅団長に転じる。一般の歩兵旅団が二個歩兵連隊からなるのに対し、独立混成旅団は、旅団砲兵隊、工兵隊、通信隊、衛生隊等からなる諸兵科連合のミニ師団的部隊で、中国の占領地警備、治安維持用に編成された。独混第五旅団は、十三年二月に編成され、北支那方面軍隷下で華北の治安・警備に当たっていたが、秋山の旅団長当時は、第十二軍隷下で魯南作戦、魯東作戦などに参加している。魯とは山東省の別名で、旅団は青島に司令部を置いて山東半島の治安維持に当たった。この地域は、共産軍の浸透が著しく、昼は日本軍が支配し、夜は共産軍が支配するといわれるほど治安は不安定であった。

秋山は、旅団長在任中の十四年八月、中将に進級、翌十五年八月、第五十四師団長に親補された。天保銭組の約九割が将官に進級するが、少将止まりのものも珍しくはない。したがって中将に進級し、師団長に親補されて始めて、天保銭組としての面目が立ったといえよう。秋山の中将進級は、第一選抜組（第一選抜組は十四年三月の進級）で少将進級時よりも序列は上がっている。

第五十四師団は、十四年姫路編成の師団で、秋山が初代師団長である。当時師団は、姫路に駐屯しており、未だ戦地には動員されていなかった。いずれは軍司令官にという夢があったであろうが、秋山は日米の風雲急を告げる十六年八月、師団長一年にして待命を申しつけられ、直ちに予備役に編入された。

その後は、予備役中将として平穏な生活を送っていたであろうが、十九年八月、秋山は召集され留守第五十五師団長を命じられた。大東亜戦争は敗色濃厚な中での、将官の人材不足による登用である。

第五十五師団は、四国善通寺編成の師団で、大東亜戦争開戦以来ビルマで戦っており、留守師団はその留守部隊として編成地にあって、本隊の補充や補充員訓練等を担当した。留守師団長も親補職であるが、その地位はやや軽かった。

秋山の留守師団長は半年余で終わり、二十年三月、中部軍兵務部長に替り、その兵務部長も四カ月にして二十年七月三十日、第百三十七師団長に転じる。終戦間近のどさくさとはいえ定見のない人事である。

百三十七師団は、精鋭が次々と南方に転用され、もぬけの殻となった関東軍が二十年七月、ソ連参戦に備えて在満邦人の根こそぎ動因によって編成した師団で、火砲は一門もなく、装備・兵員とも大幅定数割れの師団とは名ばかりの部隊であったという。

師団は第三十四軍に属し、朝鮮北部の防衛を担任し、定平北部に布陣して、陣地構築に励んでいたが、この地区にはソ連軍は侵攻しなかったため交戦することなく終戦を迎えた。

死の状況

自決

昭和二十年八月十七日、前日までに終戦に伴う部隊の集結、移駐の処置を終えた秋山は早朝斎戒沐浴し、辞世をしたためたのち副官に「今日自決する。平素からの信念であるから止めるな」と伝え、あらかじめ準備した遥拝所に赴いた。固い決意を知った副官が遺言を尋ねると「何もない。介錯を頼む」といって辞世を渡した。その自決の模様は『世紀の自決—額田坦編』に詳細に述べられている。それによると「正座して東方を遥拝したあと静かに胸を開き、刀の柄頭を石に当てると、その上にうつ伏すように刀を突き刺した。ついで右に一文字に切り開き、さらに上へ十字に切り上げると、刀を返し、柄を地面につけて頚動脈を切った。そして刀を傍らに揃えてボタンをかけ、崩れるように深く遥拝したあと、身体をやや持ち上げ『お願いします』と副官に声をかけ、介錯してもらった。沈着にして端正、古式に則った立派な最期だった」とある。

本当にこのとおりに出来るものであろうか。最初に刀を胸（腹）にあててうつ伏して刺した（どの程度の深さか分からないが）段階で後の動作は殆ど不可能になるのではなかろうか。腹を十文字に掻っ捌き、その上頚動脈を切ってなお軍服のボタンを留めることが可能であろうか。全てを浅く形式的に切らない限り、これら全てを実行することは物理的に不可能な気がするが。

残された辞世は「事しあらば千たび八千たびあらはれん　内外の敵にやはかけがさん」であった。

秋山はなぜ死を選んだのであろうか。開戦に責任があったわけでも、敗戦に責任があったわけでもない。特攻を命じ、俺も後から行くと誓ったわけでもない。一旦予備役に編入されており、軍人として皇恩のかたじけなさを謝して死んだ杉山元や阿南惟幾等のように位人臣に達したわけでもない。いったいその理由は何だったのであろうか。拠り所とする大日本帝国の崩壊とともにわが身を終えようとしたのであろうか。今となっては理解しがたい。

戦後自決した軍人の中には、秋山のように責任をとるべき立場になかった者が多数いる反面、当然周囲も責任をとって自決するであろうと見ていた者で死ななかった者も多い。

陸士同期には最後の陸軍大臣となった下村定大将、終戦時自決した吉本貞一第一方面軍司令官（大将）、ビルマ方面軍司令官で戦後戦犯死した木村兵太郎大将、沖縄で戦死した牛島満大将（死後）等がいる。

参考文献

戦史叢書　支那事変陸軍作戦1、2
戦史叢書　関東軍2
世紀の自決　額田坦編　芙蓉書房出版
別冊歴史読本　太平洋戦争師団戦史　新人物往来社
別冊歴史読本　日本陸軍部隊総覧　新人物往来社
別冊歴史読本　太平洋戦争連隊戦史　新人物往来社
南京事件　秦郁彦　中公新書

中将

安達二十三（石川）

Adachi Hatazou

（写真『世紀の自決』P481）

明治二十三年六月十七日　生
昭和二十二年九月十日　没（自決—縊死）ラバウル　五十七歳
陸士二十二期（歩）
陸大三十四期
功三級

主要進級歴

明治四十三年十二月二十六日　少尉任官
昭和九年八月一日　大佐
昭和十三年三月一日　少将
昭和十五年八月一日　中将

主要軍歴

明治四十三年五月二十八日　陸軍士官学校卒業
大正十一年十一月二十九日　陸軍大学校卒業
昭和三年十二月十二日　陸軍大学校専攻科卒
昭和九年六月一日　関東軍鉄道線区司令官
昭和九年八月一日　大佐
昭和十年八月一日　参謀本部第三部鉄道・船舶課長
昭和十一年十二月一日　歩兵第十二連隊長
昭和十三年三月一日　少将　関東軍附
昭和十三年十一月十一日　第二十六歩兵団長
昭和十五年八月一日　中将　第三十七師団長
昭和十六年十一月六日　北支那方面軍参謀長
昭和十七年十一月九日　第十八軍司令官
昭和二十二年九月十日　自決（ラバウル）

プロフィール

平凡、地味な軍歴

安達は、陸軍一家の生まれで父は砲工学校仏語教授、兄十六、十九はいずれも陸軍少将である（ほかに二十五、三十一、三十二の兄弟有）。東京中央幼年学校予科を経て陸士、陸大に進みエリート軍人の道を歩む。

しかし、安達の軍歴は平凡で、省・部の要職も参謀本部第三部の鉄道・船舶課長くらいで地味なものである。もし、後に第十八軍司令官としてニューギニアで地獄の辛酸を舐めなければ、ほとんど無名の将として終っていたであろう。

陸士同期にはトップの鈴木卒道第二航空軍司令官、中村明人第十八方面軍司令官、ビルマで悪名を馳せた牟田口廉也第十五軍司令官、戦後刑死した原田熊吉第五十五軍司令官、田辺盛武参謀次長（のち第二十五軍司令官）、田中久一第二十三軍司令官、西村琢磨陸軍司政長官等がおり、安達のほか寺本熊市第四航空軍司令官（のち航空本部長）が戦後自決している。

安達は陸大卒業後、配属された参謀本部でも運輸・鉄道関係等地味な後方勤務が主で、のちに進んだ陸大専攻科でも、「鉄道の運用及び設備」を研究テーマとしており、歩兵出身ながら運輸・鉄道が専門分野である。

陸大専攻科は、大正十三年に創設されたもので、陸大卒業者の中から少佐、中佐クラスを対象に「高等用兵に関する学術の深厚なる研究を行う」ことを目的にしており、いわば大学院の修士課程に相当するものであったが、昭和七年に廃止されてしまった。

日本軍が高級軍人用の教育システムを持たなかったことが、対戦国から一様に日本の将軍は、無能だと評されるようになった一因である。本来、陸大に修士課程、博士課程に相当する課程を設けるべきであったにもかかわらず、専攻科自体もわずか十年で廃止されてしまった。

野戦指揮官

安達の軍歴は、参謀本部鉄道・船舶課長の後は全く省・部を離れ、野戦指揮官の道を歩む。歩兵第十二連隊長、第二十六歩兵団長、第三十七師団長と順調に昇進し、北支那方面軍参謀長を経て第十八軍司令官に親補された。

連隊長としては、第十一師団の一員として上海戦に参加し顔面を負傷している。歩兵団長としては、第二十六師団のもとで三個連隊を指揮して、内蒙古、チャハル省、華北で治安維持作戦に従事した。師団長時代も北支にあって中原会戦、紛西作戦などに参加した。自ら陣頭にあって指揮し、師団は感状を受けている。安達はこの頃から部下に「戦は一期一会」と説き、常にどんなことにも全力投球を求めた。

北支那方面軍参謀長としては岡村寧次軍司令官を補佐し、北支の治安維持作戦にあたった。

第十八軍司令官

安達は、昭和十七年十一月七日北支那方面軍参謀長から、新設の第十八軍司令官に親補された。この時期安達は、在京の夫人を亡くしていたが、私事のため帰郷しないといい張っていた安達も司令部編成のため帰還し、編成作業の傍らあわただしく葬儀を行ったという。

編成作業を終えた安達は、十一月二十五日、トラック島経由でラバウルに到着し、二十六日、午前零時を期して統帥を発動した。このとき同行した田中兼五郎参謀は、東京で与えられたニューギニアの地図は、二百万分の一の航空図だけで、これで地上作戦が出来るのかと不安を抱きながら出発したと回想している。

ガダルカナル戦では、現地の十七軍は海図しか与えられていなかったと伝えられている。

この時期、ガダルカナル島奪回に向けて苦戦していた十七軍は、もともとニューギニアのポートモレスビーとフィジー・サモア攻略のため編成された軍であったが、当初海軍と協力して海路攻略予定のポートモレスビー作戦が、珊瑚海海戦で二隻の空母のうち一隻（祥鳳）を撃沈され、一隻（翔鶴）も損傷したため、海路をあきらめ陸路での攻略に変更した。

　このため堀井富太郎少将指揮する南海支隊が、ニューギニア東岸のブナから三千メートル級の山岳の屹立するオーエンスタンレー山脈を越え、オーストラリアへの玄関口であるポートモレスビー目指して進撃していたが、途中で食料が尽き、オーストラリア軍の追撃を受けながら撤退していた。

　こうした中、十七軍はガ島作戦に専念することとなり、新たに東部ニューギニア担任の第十八軍が編成された。この第十八軍ほど大東亜戦争中辛酸をなめた軍はほかにあるまい。

「ジャワの極楽、ビルマの地獄、生きて帰れぬ（末期には死んでも帰れぬともいわれた）ニューギニア」とうたわれたが、その辛酸は米軍や、豪軍からも人間として耐え得る限界以上のものであったといわれている。

　安達の指揮下には、第二十師団、四十一師団、五十一師団、その他軍直轄部隊あわせて十四万人以上が投入されたが、戦後帰国出来た者は一万余に過ぎなかった。損耗率は九十二％を超える。約十三万人が二年半の間、瘴癘不毛の地で戦い、山に登り、谷を越え大沼沢地やジャングルを彷徨する間に失われた。。死者のうち九十％は餓死との推計もある。

　本稿では、ニューギニア戦の詳細を伝える紙幅がないので、軍の編成から終戦までの十八軍の行動を簡記するに止めよう。

　なお、当時のニューギニアはホーランジアのやや東方一四一度の線で東西に別れ、西はオランダ領、東はオーストラリア領で、安達の十八軍は第八方面軍の隷下にあって東部ニューギニア（ホーランジア以東）を担任し、西部ニューギニアは第二方面軍の第二軍（軍司令官豊島房太郎中将、安達と同期）が担当していた。

昭和十七年八月十八日　南海支隊バサブア上陸（この日一木支隊がガダルカナル上陸）
昭和十七年八月～九月　南海支隊オーエンスタンレー山脈を越えポートモレスビーに向け進撃、モレスビーまで五十キロ地点で食料が尽き撤退開始（九月十七日）
昭和十七年十一月十六日　第十八軍編成　南海支隊十八軍隷下に入る。　同日米軍ブナ上陸
昭和十七年十一月二十六日　南海支隊長堀井少将戦死（撤退中カヌーが転覆し水死）
昭和十七年十二月一日　ブナ救援の独立混成第二十一旅団、敵機の妨害によりブナ上陸果たせず、パサブア付近に上陸
昭和十七年十二月八日　パサブア守備隊玉砕
昭和十八年一月二日　ブナ守備隊玉砕
昭和十八年一月～三月　二十師団、四十一師団ウエワク、ハンサに上陸、五十一師団ラエ、サラモアに上陸（五十一師団輸送船団は三月三日、ダンピール海峡で敵機の攻撃により全滅、輸送人員半数水没）
昭和十八年六月十日　阿部平輔第四十一師団長、二十九日青木重誠第二十師団長戦病死
昭和十八年九月四日　米・豪軍ラエ東方に上陸　第五十一師団サラワケット山系を越えキアリに転進、九月十二日サラモア、九月十六日ラエ陥落

昭和十八年九月二十二日　米・豪軍フィンシュハーヘンに上陸～十二月まで二十師団と戦闘
昭和十九年一月～四月　二十師団、五十一師団キアリから、四十一師団マダンからウエワクに転進、四月二十八日　片桐第二十師団長戦死
昭和十九年三月二十五日　大本営、第十八軍を第八方面軍（今村軍司令官）から第二方面軍（阿南軍司令官）に転属を発令
昭和十九年四月二十二日　米豪軍ホーランジア・アイタペ上陸開始
昭和十九年六月十七日　大本営、第十八軍を第二方面軍から南方軍直轄とし、東部ニューギニア要域での持久任務を発令
昭和十九年七月十日　第十八軍アイタペ攻撃開始、八月三日攻撃中止、撤退を始める
昭和二十年一月～トリセリ、アレキサンダー山系の山南地区において持久体制に入るが、二十年八月末には残存食料も尽きると予測され、全軍玉砕攻撃を計画する。
昭和二十年八月十五日　終戦

この第十八軍の担当地域は、東部のブナを青森とすればサラモアは石巻、ラエは仙台、マダンは東京、ハンサは静岡、ウエワクは名古屋、アイタペは京都、ホーランジアは岡山に当たる。ブナ（青森）からホーランジア（岡山）まで約千五百キロに及ぶ。この間道路はなく、それぞれの地域が孤立しており、いわばジャングルの中の孤島となっている。

日本の高級指揮官は、後方の司令部にいて現場に出ることが少なく、第一線の実情に疎い者が多

かったが、安達は小型機や潜水艦、大発（大型発動機艇）に乗って、或いはジャングルを縫って常に前線に出て部隊を激励し、実態を把握しようと努めている。ジャングルの中で少数の護衛とともに地下足袋に巻脚絆、ゴムの尻当てを付け、杖を突いて前線に急いでいる安達に出会った将兵も少なくない。

安達は十八軍の編成完了式の際幕僚に①純正きょう固な統率　②至厳な軍規　③鉄石の団結　④旺盛な攻撃精神　⑤実情に即応する施策を自己の統率方針として示しているが、このことを自分にも課し、部下にも求めた。軍司令官としての安達の二年九カ月に及ぶ統率はまさにこの方針通りで、どんなに苦境にあっても攻撃精神が衰えることはなかったし、実情に即応するため軍司令官自ら前線に赴いた。厳しい将軍であったが、三年近い戦いの中で、補給も途絶え、兵力の九十％以上をすり減らしながら軍の建制を最後まで保ち得たのは偏に安達の人格と統率によるところが大きい。

しかし、安達の統率の下いくつかの問題も生じている。

第一は「**人肉嗜食**」の問題である。

飢餓戦線に於ける人肉嗜食については、ガダルカナル島においても、インパールにおいても、ルソン島、レイテ島においても噂された。しかし、それはそんな話を聞いたとか、体の一部を切り取られた死体を見たとか、山豚の肉を食べないかと誘われたが断ったといった類であって、戦後の帰還兵が戦記等で自ら食したと告白した例はほとんど聞かない。

ところが、ニューギニア戦線にあっては、軍司令官名で人肉嗜食の禁止令が出されており、これを犯した将兵が少なからず銃殺されている（岩川隆の『孤島の土となるとも―ＢＣ級戦犯裁判』には三十名と記録されている）。食われた者や食った者も、いずれも戦死や戦病死と記録され、その実態は明らかでないが、戦後の戦犯裁判の中で一部明らかになっている。生還者の記録にも少数ながら自己の体験として記録されているものがある。

ニューギニア戦線には、台湾の高砂族による高砂義勇隊や朝鮮の特別志願兵が多数参加しており、その戦いぶりは一部では高く評価されている。これらの人々の証言を集めた『証言 高砂義勇隊』（林えいだい）や『証言集 朝鮮人皇軍兵士―ニューギニア戦の特別志願兵』（林えいだい）に実体験が生々しく記録されているし、『土壇場における人間の研究』（前掲書）にも実例が紹介されている。

当時の日本軍では人肉を総称して山豚とか野豚といっており、米兵を白豚、豪州兵を赤豚、現地人を黒豚、マレー攻略戦で捕虜になったインド兵が軍属として参戦していたが、これらはインド犬、日本兵は大和豚あるいはごった煮等と呼んでいたという。ニューギニアの人肉嗜食の悲惨さは、死体の肉を食したばかりではなく、落伍兵や単独行の日本兵を日本兵が襲い殺害してまで食したことにある。本当に恐ろしかったのは、敵ではなく友軍の敗残兵であったという証言も多数ある。生き残りの将兵の戦記の中にはニューギニアは人食い人種がいると聞いていたが、日本人が人食い人種になってしまったと嘆いているものもある。

昭和十九年十二月十日に出された緊急処断令『人肉嗜食禁止令』は人肉を嗜食したる者は銃殺に処すと定め、その権限を憲兵や第一線の部隊長に委ねているが、問題は日本人（兵）以外の人肉嗜食については適用除外としていたことであった。この命令文が二十年四月二日、第二十師団司令部が急襲された際に豪軍に鹵獲され、戦後の戦犯裁判の有力な証拠とされている。

こうした人肉嗜食について非難することは容易いが、お前ならどうするといわれると本当のところ答えに窮する。極限状況における事例として、一九七二年に五十人乗りのウルグアイ機がアンデス山中に墜落、七十日後に十六人が救出されたが、死者の肉を食べて生き延びたという。しかし、ニューギニアその他に於ける人肉嗜食の責任は、嗜食した個人よりも、そういう状況にまで追い込んで降伏も許さなかった国家にこそある。こうした人肉嗜食の問題については公刊戦史(『戦史叢書』)には一言も触れられていない。

第二は「**部隊の集団投降**」である。

日本軍は捕虜になることが禁じられていたが、負傷で人事不省になって捕虜となったり、個人的に投降した例は決して珍しくないが、建制の一部隊が終戦前に集団で投降したのはニューギニア戦以外にはない。投降したのは第四十一師団歩兵第二三九連隊に属する第二大隊であった。大隊といえば通常千人前後の定員であるが、この第二大隊は投降時四十二人とも五十人程度であったともいわれている。

大隊長は竹永中佐であった。

竹永中佐は幼年学校、陸士を出た本ちゃんの将校である。竹永は投降に当たり全員の意見を聞いたとも幹部会で決めたとも、自身が命令したとも諸説あるが、今となっては闇である。

また、竹永はもともと砲兵で山砲兵の大隊長であったが砲全てを失い歩兵大隊を指揮することになった。部下も歩兵ばかりでなく砲兵出身者や海軍、台湾の高砂族も混じっていたといわれる。

竹永大隊は、昭和二十年五月はじめ忽然と消息を絶ち、当時から投降を疑われたが、戦後その事実が明らかになった。このほか将校が数名の部下とともに投降した例もいくつか報告されている。

戦後編纂された第四十一師団の『ニューギニア作戦史』には消息不明となった大隊を師団挙げて捜索したが何の手がかりも得なかった。計画的戦場逃避ではないかと疑っていたが、終戦後、捕虜送還によって、団体投降の事実を確認した、とあり、さらに「かくの如き、全く皇軍の名誉を失墜するの甚だしきものにして、真に恐懼に堪えざるところ、師団はもとより皇軍千載の恨事なり」と書かれている。

安達は二十年三月十八日「邀撃決戦開始ニ方リ隷下各部隊ニ与フル訓示」を発し、現地自活の消極的観念を捨て、あくまでも積極的に敵を攻撃するよう命じ、その中で「健兵ハ三敵、病兵ハ一敵、重患者トイエドモソノ場デ戦エ、動キ得ザル者ハ刺シ違エ、絶対ニ虜囚ノ辱メヲウクルナカレ」といい、そのことが男子の本懐であり、多くの陣没英霊に応える道であり、そのことによって軍として有終の美を飾ることが出来ると諭している。

すさまじい闘魂であり、敬服するが、他の文明国であれば補給も途絶え、敵に打ち勝つ方法がなくなった段階での死は無駄死に以外の何物でもない。大手を振って降伏出来、帰国すれば勲章が待っているであろう。どちらの国民が幸せであろうか。

また、ニューギニア戦においては、多数の遊兵（戦場離脱）が生じたが、これらの者が終戦を知って出てきた時、これを逃亡者として銃殺したり（前掲書『孤島の土となるとも』には約四十人と記録されている）、強制的に自決させた例もかなりあったという。これらの人々の多くは戦死として記録されているというが、無残なことである。

国家として将兵を戦陣に送る場合、国家には将兵が心置きなく戦えるように食料、武器、弾薬、医療を提供する義務がある。国家がこの義務を果たせなくなったら、第一線将兵には行動の自由を与えなければならない。

捕虜の禁止と特攻は統率の外道であり、国家としての恥である。断っておくが、捕虜になるよりはと自決した兵士や特攻で敵艦に突っ込んだ搭乗員を恥というのではない、そういう行為をさせた国家を許せないといっているのだ。

竹永大隊の投降については佐藤清彦の『土壇場における人間の研究』に詳しい。

第三は「**アイタペ作戦**」である。

アイタペ作戦は十九年七月十四日に開始され、八月四日に打ち切りとなったが、これより先、十八軍が転進しようとしたアイタペおよびホーランジアに米・豪軍が上陸しており、これを攻撃、奪還しようとしたものである。安達は当初、両地域の奪還を企図したが戦力不足でアイタペに的を縛り攻撃した。

アイタペ戦当時、日本軍の残存兵力は五万五千人程度と見られていたが、攻撃失敗後の兵力は三万人に減少した。この作戦の問題点は、当時十八軍手持ちの糧秣は十九年八月までしかないと見積もられており、全く成算のあてのないこの作戦は人減らしのための作戦と一部に噂されたことにあった。

また、この作戦を計画した時点では、十八軍は阿南大将の第二方面軍の隷下にあり、阿南は安達からアイタペ作戦の認可を求められた時、「皇軍の真姿を発揮し、楠公精神に生き、今回の結果如何よりも皇国の歴史に光輝を残すを以って、部下への最大の愛なりとの信念を縷述しあり、将帥の心情正に斯くの如くなるべし。余も武士道を知り、皇軍戦道を解す。これを是認し、上司にも具申す」と諸手を上げて賛成している。

しかし、大本営は作戦発起前の六月十七日、第十八軍を第二方面軍の隷下から南方軍直轄に変更し、あわせて南方軍に対し「南方軍総司令官は東部ニューギニア方面にある第十八軍その他の部隊をして同方面の要域に於いて持久を策し以って全般の作戦遂行を容易ならしむべし」と命じた。これは六月二十日、南方軍から十八軍に対し新任務として示達された。これによれば、十八軍は攻勢から防御に移り、持久して、全般作戦に寄与すべしということになり、アイタペ作戦は大本営の配慮を無視した、やらずもがなの攻撃だったとの批判も生じた。

こうした批判について、戦後十八軍の元参謀（田中兼五郎中佐）は、色々弁解している。その中でアイタペ作戦の目的は戦術上と精神上の目的があり、①戦術的には、アイタペ方面になるべく多くの敵を牽制して第二方面軍の決戦を容易ならしめること。②精神的には、戦う第十八軍の実践によって、自己完成をはかるとともに、他の方面における友軍の健闘にも声援を送りたい、というものであった。といい、人減らし作戦でなかったかとの批判に対しては、そんな鬼のような考えはさらさらなかったと強く否定している。

確かに、意図的な人減らし作戦など発想し得る安達ではなかったと信じるが、結果として残った事実は、十九年八月で尽きると見積もられた食料がさらに一年もったことである。

戦術面や精神面での狙いは、あまりに主観的で合理性を欠いているといわざるを得ない。こうした考えは、個人の美学として個人的に実行することは自由であるが、多くの人の命を道づれにしてはならない。

しかし、生きて帰れぬニューギニアといわれた瘴癘不毛の地で、筆舌に尽くしがたい辛酸を舐めた十八軍将兵から安達に対する怨嗟の声は、インパール作戦の牟田口第十五軍司令官や比島から部下を置き去りにして独断台湾に脱出した富永第四航空軍司令官等に比べて格段に少ない。将兵と同じ辛酸を舐めた安達の人徳であろう。

安達の身の丈はそれほど大きくはなかったらしいが、関取が軍服を着ていると評されたほどの肥満で、体重は二〇貫（約八十キロ）を超えていたものが、戦争末期には一三貫（五十キロ弱）にまで痩せ、歯もほとんど抜け落ちていたという。

死の状況

降伏

昭和二十年八月十五日、終戦の詔勅を安達はヌンボクにある軍司令部で聞いた。次いでラバウルの第八方面軍から大本営の停戦命令の通報電を受け、さらに十八日、南方軍から正式に停戦命令を受けた。当時、軍の通信機材は電池、真空管などの枯渇によりかすかに聞き取れる程度でほとんど用を成さなくなっており、他軍との連絡は唯一残っていた海軍の通信機を使い、傘下の各部隊との連絡はほとんどが徒歩による伝令によって行われた。

第十八軍の降伏調印式は九月十三日に行われた。翌十四日、隷下部隊に発令された命令には「大命により軍は九月十三日を以って豪州第六師団長に降伏せり」と書かれており、明瞭に降伏という文字が使用されているのは他地域の軍などには例がないという。

その後、豪軍の指示に基づき将兵はムシュ島に集められ、ほとんどは年末から二十一年一月にかけて内地に帰還した。ムシュ島を去る各部隊に対して安達は別れの訓示をしているが、その第一次帰還者一三〇〇人に対して大要次のような訓示をしたと伝えられている。

「この作戦三年余りの間諸子および諸子の上官、戦友、部下はよく力を合わせて、人間として耐えうる限度をはるかに超えた最悪の条件に耐えぬき、あらゆる困難の中に悪戦苦闘を続け、瘴癘不毛のこの土地でよく戦い抜いてくれた。軍司令官としての本職は、ここにこの島に神鎮まった十数万の英霊と、諸子の言語に絶する敢闘努力に対して、深く感謝の意を表するとともに、戦没の将兵の英霊に対しては、心からその冥福を祈る」と述べた後、帰国後次の三つのことを実行してもらいたいと要望した。一つは一日も早く健康を回復すること。病院に入って治療を十分してもらったうえで帰郷すること。二つは戦死した上官、戦友、部下の霊を弔うとともに遺族の面倒をよく見てやってもらいたい。三つはこのニューギニアの言語に絶する苦難の体験を基礎にして、祖国の再建に邁進してもらいたい。ということであった。

ここまで述べた安達は突然言葉を詰まらせ、声を奮い起こすように「その間、発生した諸種の事件は、おらが不敏で起こったことだ。決して諸子の仕業ではない、すべては、軍司令官たる、おらの責任である」と続けた。

また、「遺族の面倒は自分の最大の仕事だと思っていたが、それが自分には果たせぬかと思う」とも述べ戦犯問題とも絡み、すべては安達が背負って、生きては帰らぬ覚悟をすでに固めていた。

安達の訓示はいくつかの戦記に、聞いたそれぞれの記憶で記録されているが、終始安達のそば近くにいた鈴木軍医少佐の『東部ニューギニア戦線』に最も詳しい。一読をお勧めしたいが、今となっては入手も難しい。

安達の訓示は多くの将兵に感銘を与えたが、これに反発を覚えた将兵もいた。

安達が最後に訓示したのは二十年一月十日、戦犯容疑者としてウエワクに向け出発する当日のことであった。これを聞いたある下士官は「安達は軍人として信念一筋の純粋な人であったのだろう。しかし軍司令官の義務をつきつめて行き、軍人精神の極み光芒を放つ美の世界を夢見たのではないか。私は訣別の訓示を聞き軍参謀か上級将校の感動とはうらはらに下級将校や兵隊の耳になんと感じられたろうと思った。嫁いびりの姑が死の間ぎわにその非を悔いたに等しく白々しく聞こえたのであった（『餓鬼道のニューギニア戦記』唐澤勲）」と書いている。

安達は二十一年二月、戦犯容疑者として裁判に出廷のためラバウルに移された。容疑は①インド人に対する殺害、虐待　②オーストラリア人捕虜の殺害　③死体の損壊および人肉嗜食等であった。

インド人の問題については今日では理解しがたいことであろうが、これはマレー、シンガポール戦で捕虜になったインド人で、日本軍に協力することを約した者を軍属として採用し、ニューギニアに派遣したことによって派生したものであった。ニューギニアには約三千人が従軍していたといわれている。

自決

昭和二十二年九月八日を以ってオーストラリアによるラバウル裁判は終了し、日本側弁護人と不起訴者の帰国が決定した。安達に下された判決（四月二十三日）は無期禁錮であった。安達の部下のうち十名が死刑となった。

すべてが終わった安達は、かねて覚悟の自決を実行すべく、遺書を部下に託し、二十二年九月十日夜、収容所内で自決した。この状況を遺書を託された参謀の田中兼五郎中佐は、「制服を着用して、北に向かって端座、ナイフで割腹の上、自らの手を持って頚動脈を圧迫して本懐を遂げられた」と記録している（『世紀の自決』）。

かって、この文章を見た時、強い違和感を覚えた。いったいどうやって自分で頚動脈を圧迫して死ねるものかと。しかし、後年、角田房子の『責任　ラバウルの将軍今村均』を読んで疑問は氷解した。安達の死の状況が詳しく述べられているが、それによると死因は縊死であったという。発見されたとき安達の脈はまだうっていていたが、知らせで駆けつけた今村は「武人の、覚悟の上のことだ。しばらくこのままに。豪軍に知らせるのはあとでよい」といって、皆で長い黙祷を捧げたという。

豪軍が降ろした遺体を見ると腹部に数条傷があり、折りたたんだ毛布の上に今村などに当てた数通の遺書と並んで金鋸で作った十二センチほどのナイフがきちんと置いてあったと書かれている。

自ら頚動脈を圧迫して死んだとの説はいくつかの戦記に踏襲されているが、旧軍人の美意識の中では、同じ死ぬにも割腹が一番崇高で、ついで拳銃、服毒となり、首吊りは口外をはばかるとの思いがあるようである。今村も安達より前に帯鋸で作ったナイフで首を切り、さらに薬物で自殺しようとしたが、薬効が切れており、死にきれなかったと伝えられている。

安達の公式の遺書のあて先は「今村大将閣下、上月中将閣下」と連名になっている。今村は元上司に当たる第八方面軍司令官、上月は当時復員局長であった。また戦犯として残された将兵に対するものもあった。

安達の公式遺書は少し長いが全文を紹介しよう。

「昭和十七年十一月第十八軍司令官の重職を拝し、彼我戦争勝敗の帰趨将に定まらんとする重要なる時期に於て、皇軍戦勢の確保挽回の要衝にあたらしめられ候こと、男子一期の面目にして有難く奉存候。

然る所部下将兵が万難に克ちて異常なる敢闘に徹し、上司亦全力を極め支援を与えられしに拘わらず、小官の不惘能く其使命を完うし得ず、皇国今日の事態に立到る端緒を作り候こと罪殉に万死も足らず恐入奉候。

又此作戦三才の間十万に及ぶ青春有為なる陛下の赤子を喪い、而して其大部は栄養失調に起因する戦病死なることに想到する時、御上に対し奉り何と御詫びの言葉も無之候。

小官は皇国興廃の関頭に立ちて、皇国全般作戦寄与の為には何物をも犠牲として惜しまざるべきを常の道と信じ、打続く作戦に疲弊の極に達せる将兵に対し更に人として耐え得る限度を遥かに超越せる克難敢闘を要求致候。

之に対し黙々之を遂行し力尽きて花吹雪の如く散り行く若き将兵を眺むる時、君国の為とは申しながらその断腸の思いは唯神のみぞ知ると存候。当時小生の心中堅く誓いし処は、必ず之等若き将兵と運命を共にし南海の土となるべく例え凱陣の場合といえども変らじとのことに有之候。

一昨年晩夏終戦の大詔、続いて停戦の大命を拝し、此大転換期に際し聖旨を徹底して謬らず、且は残存戦犯関係将兵の行途を見届くることの重要なるを思い恥を忍び今日に及び候。

然るに今や諸般の残務も漸く一段落となり小官の職責の大部を終了せるやに存ぜらるるにつき、此時期に予ての志を実行致すことに決意仕候。即ち小官の自決の如き御上に対し奉る御詫びの一端ともならずと思う次第にて、唯唯純一無雑に陣没、殉国、並びに光部隊残留部下将兵に対する愛と信とに殉ぜんとするに外ならず候。

小生の此処置に伴い閣下並同僚各位に御迷惑をかくること少なからずと存候えども何卒小生の微衷を諒とせられ御海容あらんことを希奉候。

又小生には左の二残務ありと存居候。

一復命
軍状奏上については両閣下に御願申上候。

材料は田中兼五郎中佐に準備いたさしめ置き候。

二陣没、殉国将兵遺族救護の件、
此の点に関しては真に万コクの憂を懐きあり自ら渾身の努力を致すべき筋なるも能く果し得ざるにつき何卒従前に引続き宜敷く御願申上候。

右二点甚だ勝手乍ら切に御願申上候。

明治の聖世に生れ国家興隆の潮に乗りて壮年を過し、しみじみ皇国の有難さを身に徹し候、皇国を此姿に還し更に今回蹉跌せし大経綸を達成せん日の速ならんことを一意念ずる次第に候。以上（読みやすいよう句読点を入れ、一部当用漢字に直している）」。

何十年か前、始めてこの遺書を読んだ時、涙を禁じえなかったが、何度読んでもその責任感と部下に対する情愛の深さに心を打たれる。特に凱旋の場合も戦没将兵に殉ずる覚悟であったということは誰にでもいえることではない。

愛の統率

終戦時の興奮の中で多くの軍人が自決したが、二年もたって敗戦の興奮も鎮まり、自身の戦犯問題も死刑を逃れた中で、改めて自決を実行することは常人に出来ることではない。安達の統帥を山岡荘八は「愛の統率」と呼んでいるが、ここでいう愛とは、今日的な、或いは女性的な愛ではない。目的の為にはいかなる犠牲をもいとわぬ、厳しい、男性的なかつ日本的な武人としての愛であるという。

安達は部下将兵をして、無為徒食して生命の保全を図らせるよりも、敵と戦って忠節を尽くさせるほうが、よしんば多くの犠牲者が出ようとも、そのほうが部下に対する愛情と考えた。こう考えたからこそ、大本営からの持久命令にも拘らず、アイタペ攻撃を敢行したのであろう。

しかし、彼我の隔絶した戦力比の中で全く成算のない（本人はそう考えなかったかもしれないが）攻撃を実行したことには疑問が残る。旧軍人の中にも批判はある。

ところで、安達は遺書の中で多くの将兵を飢えや病で死なせたことを自己の責任として詫びているが、これは安達の責任では全くない。このような無謀な戦をさせた国家にある。それを全て己が責任として飲み込むことは、一見潔よいが国家中枢が負うべき本当の責任をあいまいにし、同じ失敗を繰り返す原因となる。

安達も自己の責任部分とそうでない部分を峻別し、あの悲惨なニューギニア戦の実態を明らかにし、その原因と責任を後世のために分析・追究して欲しかった。

安達の上司である今村第八方面軍司令官は、ガダルカナルで辛酸をなめた第十七軍司令官の百武中将がガ島撤退後、自決を申し出た際「止めはしません。しかし此敗戦は飢えによる自滅です。貴方のせいではありません。これは軍中央部の過誤によるものです。その原因を詳しく記録し、後世の反省に役立たせなければ部下に対する義務を欠きます。自決はその後ではないですか」と諌めている。しかし、百武はその後脳溢血で倒れその責めを果たせなかった。

我々日本人は他を言挙げし、人の責任を追及することを潔よしとしない性癖がある。こうしたメンタリティが本当の責任の所在を隠してしまい、本当に反省すべき人間が反省せずに同じ失敗を繰り返すことになる。

我が国から五千キロも離れた瘴癘不毛の地に補給の手立てもなく多数の若者を送り、「花吹雪のごとく」散らせることなど二度とあってはならないことである。

参考文献

戦史叢書　南太平洋陸軍作戦1〜5
戦記シリーズ32　太平洋戦争師団戦史
　新人物往来来社
戦記シリーズ42　日本陸軍部隊総覧
戦記シリーズ51　太平洋戦争連隊戦史
丸　戦争と人物　軍司令官と師団長　潮書房
丸別冊　回想の将軍・提督　潮書房
丸別冊　地獄の戦場　ニューギニア・ビアク戦記
歴史と旅9／5　帝国陸軍のリーダー総覧　秋田書店
南十字星　吉原矩　東部ニューギニア会
痛恨の東部ニューギニア戦　福家隆　戦誌刊行会
東部ニューギニア戦線　鈴木正巳　戦誌刊行会
ニューギニア戦追憶記　星野一雄　戦誌刊行会
餓鬼道のニューギニア戦記　唐澤勲
　新潟日報事業出版部
戦記　塩　満川元行　戦誌刊行会
東西総説　ニューギニア戦　内藤勝次
　ヒューマンドキュメント社
小岩井光夫　ニューギニア戦記　日本出版協同
ニューギニア戦記　越智春海　図書出版社
餓死した英霊たち　藤原彰　青木書店
小説太平洋戦争4　山岡荘八　講談社
帝国陸軍の最後　伊藤正徳
土壇場における人間の研究　ニューギニア闇の戦跡
　佐藤清彦　芙蓉書房出版
魔境ニューギニア最前線　津布久寅次　叢文社
責任　ラバウルの将軍今村均　新潮文庫
証言集　朝鮮人皇軍兵士　ニューギニア戦の
　特別志願兵　林えいだい　柘植書房
証言　台湾高砂義勇隊　林えいだい　草風舘

中将

上村　幹男（山口）

Uemura Mikio

（写真　『世紀の自決』　P442）

明治二十五年七月八日　生
昭和二十一年三月二十三日　没（自決）
シベリア（ハバロフスク）　五十三歳
陸士二十四期（歩）
陸大三十三期
ドイツ駐在
功二級

主要進級歴
大正一年十二月二十四日　少尉任官
昭和十年八月一日　大佐
昭和十三年七月十五日　少将
昭和十六年八月二十五日　中将

主要軍歴
明治四十五年五月二十八日　陸軍士官学校卒業
大正十年十一月二十八日　陸軍大学校卒業
昭和十年八月一日　大佐　台湾軍参謀
昭和十一年八月一日　陸大教官
昭和十二年八月二日　歩兵第七十六連隊長
昭和十三年七月十五日　少将　歩兵第五旅団長
昭和十五年三月九日　台湾軍参謀長
昭和十五年十一月三十日　兼台湾軍研究部長
昭和十六年八月二十五日　中将
昭和十六年十二月二十九日　俘虜情報局長官
昭和十八年三月十一日　第五十七師団長
昭和二十年三月二十三日　第四軍司令官
昭和二十一年三月二十三日　自決

プロフィール

野戦型エリート軍人

上村は山口県防府の出身、防府中学から広島地方幼年学校を経て、東京中央幼年学校、陸士、陸大へと進みエリート軍人の道を歩む。

ただし、陸軍省、参謀本部等中央官衙の経験は殆どないが、豊富な野戦指揮官としての経験を有する生粋の武人である。ただし、語学にも秀で中尉時代に東京外語専門学校にも派遣されドイツ語を学んでいる。

陸大卒業後、ドイツ駐在、近衛歩兵第四連隊大隊長、同連隊附等の隊附勤務を経て、近衛師団参謀、台湾軍参謀、その間二度にわたって陸大教官を務める。

台湾軍には参謀、参謀長として二度勤務し、参謀長時代は、大東亜戦争開戦に備えて南方作戦準備のための秘密組織である台湾軍研究部長を兼ねた。

野戦指揮官としては、近衛歩兵大隊長、歩兵第七十六連隊長、歩兵第五旅団長、第五十七師団長、第四軍司令官と豊富な経歴を有する。ただし、実戦体験は第五旅団長時代の中支戦線とソ連軍の侵攻に対処した第四軍司令官時代の二度である。連隊長時代は朝鮮守備の第十九師団に属し、師団長時代は関東軍にあって北満守備に当たっている。

昭和十二年八月上村は、歩兵第七十六連隊長に任命される。陸大でのエリート軍人にとっては、連隊長職は一つの通過点に過ぎないが、天皇の軍旗を奉ずる連隊長職は、それなりに重みがあった。上村は十年八月、第一選抜で大佐に進級しており、同期の多くが既に連隊長になっている中での補職は、うれしいものがあったであろう。

第七十六連隊は、朝鮮の羅南編成の第十九師団所属の連隊である。この連隊は、十三年七月十四日（〜八月十日）に発生したソ連との国境紛争「張鼓峰事件」に出動しソ軍と激闘するが、上村は丁度その時（七月十五日）転任となり、戦闘には参加しなかった。

上村は、七月十五日付けで少将に進級し、歩兵第五旅団長に転じた。少将進級も第一選抜であった。

第五旅団は、北支那方面軍の第二軍隷下の第三師団（名古屋編成）に所属していたが上村支隊を編成し、信陽攻略戦や武漢攻略戦に参加した。この間中国軍の激しい抵抗にあって支隊は大きな損害を受けている。

上村は旅団長として、一年八カ月北支を転戦したが、十五年三月、台湾軍参謀長に転ずる。

同年十一月には台湾軍研究部長を兼務する。この研究部は、大東亜戦争開戦に備えての熱帯地帯作戦研究の秘密組織である。上村にとっては二度目の台湾勤務である。台湾軍参謀長時代の十六年八月、中将に進級した。進級は第二選抜組であった。

俘虜情報局長官

十六年十二月二十日、日本海軍は真珠湾を奇襲し、陸軍はマレー半島コタバルその他に上陸、大東亜戦争が開始された。しかし、上村はこれに参加することなく、十二月二十九日、俘虜情報局長官に任命された。

俘虜情報局は、俘虜の待遇に関するジュネーブ条約に基づき交戦国は、相互に設置が義務付けられていた。その任務は、獲得した捕虜の氏名、出身地等捕虜に関する情報を相手国に速やかに通知し、家族からの通信を受け付けることや、捕虜の移動、傷病、死亡等を記録しておくこと等が義務付けられていた。日本は、ジュネーブ条約を署名したものの批准はしていなかったが、これを準用するとして、勅令により設置、陸軍省の外局であったが、陸軍大臣の直接の監督を受けた。

上村は情報局長官を一年三カ月務めたが、その間、ドーリットル中佐率いるB25爆撃機の本土空襲（十七年四月十八日）で、中国に不時着した飛行士の一部をジュネーブ条約違反の無差別爆撃として処刑した際、東條陸軍大臣（総理）の意向に上村は強く反対したと伝えられている（『世紀の自決』)。

軍司令官

上村は昭和十八年三月、在満の第五十七師団長に親補され、満州に赴任した。同師団は、十五年七月に弘前で編成された師団で、十六年八月の関東軍特種演習(関特演)の際動員され満州に移駐した。関東軍の第四軍に属し、山神府に司令部を置き、北満の警備に当たった。

二十年三月、第五十七師団は、本土決戦準備のため内地に帰還となったが、上村は上部軍である第四軍司令官に昇進した。運命の分かれ目であった。上村の第四軍は、ハルビンに司令部を置いて、三個師団、四個旅団を指揮していたが、部隊はいずれも関東軍から南方に抽出された部隊の穴埋めに急遽動員、新設された部隊であった。

上村が軍司令官となって五カ月後の八月九日、日ソ中立条約を踏みにじり、ソ連軍が突如侵攻してきた。満州の北、西北方面を受け持つ第四軍の守備地域にもアムール川を越えて侵入、これを百二十三師団や百三十五旅団が瑷琿、孫呉陣地、百十九師団がハイラル陣地で迎え撃っているうちに終戦となった。

第四軍は、関東軍や大本営の判断と異なり、ソ連の侵攻を八月上旬にもあり得ると予想、陣地を強化し、迎撃の準備を進めていたといわれており、劣弱装備の部隊としてはよく善戦したと伝えられている。

死の状況

シベリア

終戦後、関東軍将兵は、ソ連軍により強制的にソ連領内に連行され、シベリアはじめソ連各地に抑留された。関東軍首脳は、二十年八月下旬から九月上旬にかけて連行された。

上村もこの頃入ソしたものと思われるが、およそ半年後の昭和二十一年三月二十三日、ハバロフスクの将官収容所で自決したと伝えられている。自決の経緯は不明であるが、遺書が残されている。

遺書

「国家の現状、在満居留民並家族の実情を思う時、上級将校として洵に罪の軽からざるを痛感し慚愧に不堪、茲に深く御詫び申上ぐ

潔く死して皇国に御詫びせむ

生き永らへて恥まさんより

乍末筆同室各閣下を始め上官並同僚各位の御厚情を拝謝す」

ソ連の満州侵攻に対し、関東軍は居留民保護をないがしろにしたと批判されているが、上村のよ

うに居留民に対し責任を感じ詫びている軍人は珍しい。

上村は大東亜戦争開戦にも、その後の戦闘にも、或いは居留民保護についても直接責任を負う立場にはなかった。責めを負うべき、責任を感ずべき高級将校は別に大勢いるが、こうした真の責任者の多くは、恬として恥じず、自決もせず、反省もせず生き残っている。

戦後の自決者の中には上村のような例が少なくなく、その死が惜しまれる。

上村の陸士同期の主力は軍司令官に昇進しており、レイテで戦死した鈴木宗作第三十五軍司令官(死後大将)、ラバウルで戦犯死した馬場正郎第三十七軍司令官等がいる。師団長クラスでも各地で辛酸を舐めたものが多くニューギニアの中野英光第五十一師団長、真野五郎第四十一師団長、サイパンで戦死した斉藤義次第四十三師団長、沖縄で戦死した中島徳太郎歩兵第六十三旅団長等がいる。

また満州国軍政部最高顧問の秋山義隆中将もシベリアに抑留され病死している。関東軍総参謀長としてソ連に抑留された秦彦三郎中将も戦犯として禁錮二十五年の刑を科せられたが、昭和三十一年十二月、最後の釈放者の一人として帰国した。

参考文献

改訂版世紀の自決　額田坦編　芙蓉書房出版
別冊歴史読本戦記シリーズ32　太平洋戦争師団戦史　新人物往来社
別冊歴史読本戦記シリーズ19　満州国最後の日　新人物往来社
戦史叢書　支那事変陸軍作戦2
戦史叢書　関東軍2

中将

岡本　清福（石川）

Okamoto kiyotomi

明治二十七年一月十九日　生
昭和二十年八月十五日　没（自決―拳銃）
スイス（チューリッヒ）　五十一歳
陸士二十七期（砲）　恩賜
陸大三十七期　恩賜
独駐在
功三級

主要進級歴

大正四年十二月二十五日　少尉任官
大正十二年八月二日　大佐
昭和十五年八月一日　少将
昭和十八年十月二十九日　中将

主要軍歴

大正四年五月二十五日　陸軍士官学校卒業
大正十四年十一月二十七日　陸軍大学校卒業
昭和十年八月一日　参謀本部第一部作戦課作戦班長
昭和十一年六月十九日　陸軍省軍務局軍事課高級課員
昭和十二年八月一日　支那駐屯軍作戦課長
昭和十二年八月二日　大佐
昭和十二年八月三十日　第二軍作戦課長
昭和十三年十二月十日　参謀本部附
昭和十四年三月九日　野戦砲兵第四連隊長
昭和十四年十二月一日　駐独武官
昭和十五年八月一日　少将
昭和十五年十一月十三日　参謀本部附
昭和十六年四月一日　参謀本部第二部長
昭和十七年八月十七日　南方軍総参謀副長
昭和十八年二月二十三日　参謀本部第四部長
昭和十八年五月十一日　大本営参謀（遣独伊連絡使節団長）
昭和十八年十月二十九日　中将
昭和十九年三月十六日　スイス駐在武官
昭和二十年八月十五日　自決

プロフィール

陸士・陸大恩賜のエリート

岡本の出身は、父清作（憲兵大佐）の出身地をとって石川県となっているが、生まれは東京である。

名古屋地方幼年学校から陸士、陸大に進む。陸士、陸大とも恩賜で卒業、文字通りのエリートの道を歩む。進級も常に第一選抜組でトップを走った。

陸大卒業後、ドイツに駐在、その後もドイツ大使館附武官補佐官（昭和六年六月〜七年八月）、駐在武官（十四年十二月〜十五年十二月）を務め、ドイツ通であり、ドイツ派である。隊附勤務は少なく、若い頃の野砲十四連隊附、野砲兵第三連隊大隊長等のほか大佐昇進後、野砲兵第四連隊長として満州で九カ月（十四年三月〜十二月）勤務したに過ぎない。陸軍省には軍務局軍事課高級課員として、参謀本部には第一部作戦課作戦班長、第二部長（情報）、第四部長（戦史）を歴任している。

戦地では、支那駐屯軍参謀、第二軍参謀と支那事変に出征、戦闘に参加した。また大東亜戦争開戦後、南方軍総参謀副長（十七年八月〜十八年二月）を七カ月務めている。作戦担当であった。旅団長、師団長の経験はない。

ドイツ派の参謀本部情報部長

岡本の事跡としては、駐独武官時代、日独伊三国同盟の締結（昭和十五年九月）に尽力し、ドイツから帰国後就任した参謀本部第二部長時代（十六年四月〜十七年八月）には、ドイツ通としてドイツの勝利を主張し、大東亜戦争開戦に一役買っていることが挙げられる。

岡本の情報部長（第二部長）就任間もなく、独ソ開戦の情報がもたらされたが、岡本はドイツの英本土上陸を信じきっており、独ソ開戦等有り得ないと主張。また独ソ開戦後も情報部ロシア課の「ドイツの短期勝利は困難、独ソ戦は長期化する」との判断や欧米課のドイツの国力懸念を一蹴し、ドイツの短期勝利を部の判断として、作戦部や上層部に提供した。

岡本の情報部長時代、欧米課で岡本に仕えた杉田一次中佐（当時）は岡本について「岡本部長は誠実勤勉な模範的軍人であったが、米英に関する理解認識はほとんどなく、情報勤務には適任とはいえなかった。情報部が作戦部に従属するような態勢がますます顕著になったのも岡本部長時代の一特徴であった」と書き残している（『情報なき戦争指導』）。

十七年後半より連合軍の反攻が強まり、日本はガダルカナルで、ドイツは東部戦線で苦戦していた。このため大本営は独伊との提携強化や戦力調査の必要性を痛感し、同年十月に使節派遣を決定した。この団長にはドイツ通の岡本が内定していたが、交通手段の確保などで手間取り、ようやく十八年二月にシンガポールから内地に呼び戻され、戦史担当の第四部長に就任するが、出発までの腰掛け的ポストであった。この二月には日本はガダルカナルから撤退し、スターリングラードではドイツ第六軍が降伏している。当初使節は潜水艦で派遣される予定であったが、潜水艦では四〜五カ月もかかるため、陸路で行くこととなった。

使節団は岡本が団長となり、団員には陸軍からは参謀本部第十五課長（戦争指導課）甲谷悦雄中佐、海軍からは軍令部第一部部員小野田捨次郎大佐、外務省から与謝野秀書記官が任命された。

一行は陸路ソ連経由でトルコに入り、ブルガリア、ユーゴスラビア、ハンガリーを経て、出発から四十三日目の四月十三日、ベルリンに到着した。使節団は在独大使館やドイツ側と協議を重ね、また前線を視察したが、時すでに遅く、遠く離れた両国の協力の方法もなく、実りあるものは何も実現しなかった。

また使節団の独ソ戦争の見通しや、独伊の戦力や情勢等の実態についての報告は、希望的観測に過ぎたもので正鵠を得なかった。こうした中でイタリアは、ムッソリーニが国王派に逮捕され七月三日、連合軍に降伏した。

死の状況

スイス駐在武官

遣伊独連絡使節団は、何らの成果もなく使命を終わり、十九年三月解団となって、岡本はスイス駐在武官に転じ、終戦までスイスにとどまった。

中立国スイスには国際決済銀行があり、日本から派遣された北村理事や吉村部長等がいたが、岡本はこれらの人々とも接触している。

北村や吉村はドイツの敗北必至と日本の戦争継続不可を岡本に説いたという。

二十年五月八日、ついにドイツは降伏した。

ドイツ敗戦後岡本は、北村に会いアメリカとの和平について打診している。北村は加瀬俊一スイス公使とも相談し、国際決済銀行のスウェーデン人理事ペル・ヤコブソンを仲介にドイツにいたアメリカ戦略情報部の在欧責任者アレン・ダレスと接触した。この状況を岡本は梅津参謀総長に報告し、早期和平を進言したが、無視された。この時期日本はソ連を仲介に和平を進めようと当てのない努力を続けていたため、このルート（ダレス工作）は閉ざされた。

八月六日広島、九日長崎に原爆が落とされ、頼みのソ連が突如満州に侵入して、ついに日本はポツダム宣言を受諾し、八月十五日降伏した。

この日、チューリッヒの自宅を訪ねてきた武官補佐官の桜井大佐に帰りしな「明朝また来てくれ」といって送り出した。桜井がベルンの自宅について岡本宅に電話したところ岡本が出ないため不安になって北村に様子を見に行って欲しいと頼み、北村が夜岡本宅を訪ねたところ岡本はベッドの上で事切れていた。白いワイシャツに黒い夜会服を着て、拳銃で下顎を打ち抜いていたという。

遺書が二通残されており、参謀総長宛の一通には

「事茲に至る　過去に於ける在独武官、第二部長及び連絡使としての責め極めて大、その罪万死に値す。依って茲に自決してお詫び申し上ぐ。遥かに謹んで皇室の御安泰を祈り奉り、大和民族の克く臥薪嘗胆して新日本建設に邁進せんことを願う。

二千六百五年八月十五日十六時　大元帥陛下の万歳を三唱し奉る　岡本清福」とあった。過去、ドイツの国力を過信し、ドイツ寄りの発言を繰り返して国策を誤らせたことに対し、責任を取ったものである。その潔さと真摯な姿勢には心打たれる。大東亜戦争開戦の実質的推進力であった田中新一作戦部長、服部卓四郎作戦課長、辻政信戦力班長等とは全く異なる姿勢である。

ただ欲をいえば、岡本は責任を取って静かに自決するのではなく「なぜ判断を間違えたのか、どのように間違えたのか、同じ過ちを繰り返さないためにはどうすればよいのか」等を分析、総括して、後世に残して欲しかった。

陸士同期の中心は終戦時師団長で、駐英武官時代（昭和十四年十二月〜十七年七月）ドイツのイギリス屈服不可能を報告し続けた辰巳栄一第三師団長、オーストリア兼ユーゴスラビア駐在武官と

して（昭和十五年三月〜十七年十二月）ドイツの対ソ屈服困難を主張した芳仲和太郎第八十六師団長、レイテで善戦した片岡董第一師団長等がいる。なお、この期は片岡始め東大派遣者が多数おり、法学部、経済学部、工学部などで十一名が学んだ特異な期である。

参考文献

情報なき戦争指導　杉田一次　原書房
戦史叢書　支那事変陸軍作戦1
戦史叢書　大本営陸軍部6
大東亜戦争始末記　田々宮英太郎
太平洋戦争終戦の研究　鳥巣建之助　文春文庫
深海の使者　吉村昭　文芸春秋

中将

草場　辰巳（滋賀）

Kusaba Tatsumi

明治二十一年一月二日　生
昭和二十一年九月十七日　没（自決―服毒）
東京　五十八歳
陸士二十期（歩）恩賜
陸大二十七期
功三級

主要進級歴

明治四十一年十二月二十五日　少尉任官
昭和六年八月一日　大佐
昭和十一年八月一日　少将
昭和十四年三月九日　中将

主要軍歴

明治四十一年五月二十七日　陸軍士官学校卒業
大正四年十二月十一日　陸軍大学校卒業
大正十四年十一月二十七日　陸軍大学校専攻科卒業
昭和六年八月一日　大佐　参謀本部第三部鉄道船舶課長
昭和八年八月一日　歩兵第十一連隊長
昭和十年三月十五日　満州国交通部顧問
昭和十一年八月一日　少将
昭和十二年　三月一日　歩兵第十九旅団長
昭和十三年十月三十日　第二野戦鉄道司令官
昭和十四年三月九日　中将　関東軍野戦鉄道司令官
昭和十五年十月一日　第五十二師団長
昭和十六年十一月六日　関東防衛軍司令官
昭和十七年十二月二十一日　第四軍司令官
昭和十九年二月七日　参謀本部附
昭和十九年十一月三十日　待命
昭和十九年十二月一日　予備役編入
昭和十九年十二月十六日　召集　大陸鉄道司令官
昭和二十一年九月十七日　自決

プロフィール

鉄道兵科の第一人者

草場は陸士を恩賜で卒業、陸大に進む。その後、さらに陸大専攻科（第一期）に学んだエリート軍人であるが、あまり一般には著名ではあるまい。

なお、陸大専攻科とは、陸大卒の中少佐クラスを対象に「高等用兵にかんする学術の深厚なる研究を行う」事を目的に大正十三年に創設された制度である。高級将校用の教育機関を持たなかった日本軍にとって、いわば大学院の修士課程に相当する制度であるが、惜しくも昭和七年に廃止されてしまった。

草場の軍歴は珍しく鉄道関係が多く、陸大卒業後の第一鉄道線区司令部員（大正七年五月〜十一月）に始まり、満鉄顧問（昭和四年八月〜六年三月）参謀本部鉄道船舶課長（昭和六年八月〜八年八月）、満州国交通顧問（昭和十年三月〜十二年三月）、第二野戦鉄道司令官（昭和十三年十月〜十四年三月）、関東軍野戦鉄道司令官（昭和十四年三月〜十五年十二月）、大陸鉄道司令官（昭和十九年十二月〜二十年八月）と鉄道関係の要職を歴任しており、鉄道関係の第一人者である。陸大専攻科での研究テーマは鉄道とも関係が深い「後方勤務」であった。

鉄道兵科は、あまり一般になじみのない兵科であるが、鉄道の建設、補修、運転等を行う兵科で実施部隊に鉄道連隊、独立鉄道大隊、独立鉄道橋梁大隊などがあった。装甲列車隊も指揮下においた。戦地における鉄道建設は、タイとビルマを結ぶ泰緬鉄道建設が著名であるが、これは南方軍野戦鉄道司令部（司令官石田英熊少将—当時）が指揮したものである。この泰緬鉄道建設で使役した連合軍捕虜が多数死亡したことから、戦後この鉄道関係者が戦犯として裁かれ二名の刑死者を出している。

草場は鉄道関係だけではなく野戦指揮官としても豊富な経歴を持っており、歩兵第四連隊大隊長、歩兵第十一連隊長（昭和八年八月〜十年三月）、歩兵第十九旅団長（十二年三月〜十三年十月）、第五十二師団長（十五年十月〜十六年十一月）、関東防衛軍司令官（十六年十一月〜十七年十二月）、第四軍司令官（十七年十二月～十九年二月）を歴任している。第十九旅団長時代は第十六師団に属し、支那事変勃発とともに華北、上海、南京、華北、華中と中国各地を転戦、多くの作戦に参加した。五十二師団長時代は、初代師団長であったが、金沢に衛戍していた。

予備役編入　即日召集

師団長のあと、関東防衛軍司令官を経て同じく関東軍隷下の第四軍司令官に昇進したが、十九年二月七日、参謀本部附となり、十一月三十日に待命、十二月一日、予備役となった。しかし即日召集され、十二月十六日、大陸鉄道司令官に補せられた。

この予備役編入、即日召集の人事について陸軍省最後の人事局長となった額田坦中将は、予備役に編入して直ちに召集して要職につける者をなぜ現役を去らせる必要があるのかと慨嘆しているが、その理由を中将の実役定年にこだわったためと推測している（『陸軍省人事局長の回想』額田坦）。

これは、草場が既に一選抜で中将進級後五年を経過しており、二十年三月には大将進級の時期が来るため（大将進級には中将実役六年が必要との内規があった）、大将候補ではない草場をあらかじめ間引いた事を意味している。

といっても今日では分かりづらいが、当時将官人事では抜擢を行わないとされており、大将候補者を絞り込んでいくため、同期のうち序列後位の者を逐次予備役に編入して排除していく（予備役になると序列は現役より後位となる）システムとなっていた。

これは現代の官僚人事にも引き継がれており、同期の中で次官候補を絞っていく過程でライバルを途中で退官させていくのと同じシステムである。民間企業のように先輩をごぼう抜きして社長になるということは全く無かったし、アメリカのアイゼンハワー将軍やドイツのロンメル将軍のようにわずか三～四年で多くの先輩を追い抜き、中佐（アイゼンハワー）から元帥に、大佐（ロンメル）から元帥に昇進するということは全く有り得なかった。日本軍は平時の序列人事で戦時も戦った。

もっとも、一旦予備役に編入されながら召集で台湾軍司令官となり、のち大将に進級した安藤利吉中将や山脇正隆中将のように予備役後ボルネオ守備軍司令官に召集され、大将となったような例外もなくはない。

陸士同期には、最後の陸軍大臣となった下村定大将、終戦後自決した吉本貞一大将、部下を置き去りにしてラングーンからモールメンに退却、その直後に大将に進級した木村兵太郎ビルマ方面軍司令官（A級戦犯として刑死）等がいる。草場はこれら大将進級者と同時に一選抜で中将に進級している。なお沖縄で自決した第三十二軍司令官牛島満大将（死後）も同期である。

死の状況

シベリア抑留　ソ連側証人として帰国

敗戦により草場は多くの関東軍将兵と共にソ連に抑留された。その後、戦犯容疑で訊問を受けていたが、昭和二十一年九月十八日、関東軍参謀副長松村知勝少将、関東軍参謀瀬島龍三中佐とともに東京に移送された。東京裁判にソ連側証人として出廷するためであった。なぜこの三名が選ばれたか不明であるが、この三人ならソ連側にとって有益な証言が得られると判断したものであろう。

ソ連が求めた証言とは、日本がかねてよりソ連侵略の意図を持って攻撃計画を立てていたこと、日本がドイツにソ連情報を流し、中立条約に違反したということを実証させようというものであった。三人は丸の内の三菱赤煉瓦三号館（今は無い）に滞在した。

自決

ところが翌十七日早朝、草場は死体となって発見された。同行の松村は、ソ連から日本へ飛行の途中草場は、佐渡上空でハラハラと涙を流していた。自殺と直感したと書き残している（『関東軍参謀副長の手記』）。

草場の死は当時他殺説もあったが、残された手帳に「私の罪は、大陸鉄道司令官であったにもかかわらず、満州の避難民に輸送（列車）を確保出来なかったことです。私は死ぬほかありません」と書いてあり、また、松村少将、瀬島参謀宛「今日までよくしていただきありがとうございました。私はお二人とともに証人となる栄誉を賜ったことを大変うれしく思います。だが私は何の役にも立ちません。自分の罪を認め、自決します」と書き残していた。日本行きの前にも自分の仲間について証言することは非常に苦しいといっていたとも伝えられている。避難民に対する贖罪意識も確かにあったかも知れないが、この時期の死ということから見れば、自決の直接の理由は、ソ連側に立った証言を忌避したと見る方が自然であろう。なお、死因は青酸カリによる服毒と見られている。ただし、自決日は九月二十日説もある（『沈黙のファイル』共同通信社）。

中　将

参考文献

戦史叢書　支那事変陸軍作戦1、2
戦史叢書　関東軍2
陸軍省人事局長の回想　額田　坦　芙蓉書房
関東軍参謀副長の手記　松村知勝　芙蓉書房
沈黙のファイル　共同通信社社会部編　共同通信社
誰も書かなかった日本陸軍　浦田耕作　ＰＨＰ研究所
陸軍大学校　上法快男編　芙蓉書房

中将

小泉　恭次（山形）

Koizumi Kyoji

（写真『世紀の遺書』ｐ５１２）

明治十九年二月二日　生
昭和二十一年十二月十日　没（自決―割腹）
東京　六十歳
陸士十八期（歩）
陸大二十七期

主要進級歴

明治三十九年六月二十六日　少尉任官
昭和五年八月一日　大佐
昭和十年八月一日　少将
昭和十三年七月十五日　中将

主要軍歴

明治三十八年十一月二十五日　陸軍士官学校卒業
大正四年十二月十二日　陸軍大学校卒業
昭和二年三月十五日　天津駐屯歩兵隊長
昭和三年八月十日　東京警備司令部参謀
昭和五年八月一日　大佐　名古屋連隊区司令官
昭和七年五月二十三日　歩兵第十六連隊長
昭和八年三月十八日　近衛歩兵第一連隊長
昭和十年三月十五日　仙台教導学校校長
昭和十年八月一日　少将
昭和十一年三月二十三日　歩兵第一旅団長
昭和十二年八月二日　第十四師団司令部附
昭和十三年七月十五日　中将　鎮海湾要塞司令官
昭和十四年三月九日　待命
昭和十四年三月二十日　予備役編入
昭和二十年五月五日　召集　東部軍管区兵務部長
昭和二十年八月二十五日　第一四二師団長
昭和二十一年十二月十日　自決

プロフィール

無名のエリート

小泉は山形県米沢の出身。興譲館中学二年を経て、仙台地方幼年学校に進む。その後陸士、陸大を経てエリートコースに乗るが、その軍歴は極めて地味なものであり、中将にはなったものの傍流を歩み早期に予備役に編入されている。一般には殆ど無名の軍人である。逸話や資料も乏しく、終戦後自決しなければ、その名前が語り伝えられることもなかったであろう。

陸士同期にはマニラで刑死した第十四方面軍司令官山下奉文大将、中国で拘留中死亡した第六方面軍司令官岡部直三郎大将、第十一方面軍司令官藤江恵輔大将、終戦時自決した陸軍大臣阿南惟幾大将、第三十七軍司令官山脇正隆大将など蒼々たる人物がそろっている。

ノモンハン事件で責任をとらされ退役した中島鉄蔵参謀次長、甘粕重太郎駐蒙軍司令官は、ともに同期で米沢出身の将軍である。

小泉は、陸大卒業後も省部の勤務は全くなく、ほとんどの軍歴を隊附勤務で終始している。中佐時代、天津駐屯歩兵隊長として済南事件（昭和四年）に出動し、居留民保護に当たった。

連隊区司令官から連隊長

昭和五年八月、大佐進級と共に名古屋連隊区司令官に補職された。連隊区司令官は、北海道、東京を除き各府県に一カ所ずつ設置され各連隊管轄地の徴兵、動員、召集、在郷軍人の教育、訓練等を所管した。地域では、名士の一人であったが、事務機関であり、軍人としては閑職であった。連隊区司令官は、無天の古参大佐が充てられることが多く、在任中に少将に進級する例が多かったが、天保銭組の連隊区司令官は、比較的珍しい。

小泉は、連隊区司令官を一年九カ月務めた後、七年五月に歩兵第十六連隊長に転じる。同連隊は仙台の第二師団隷下で、当時は満州に駐屯しており、満州事変では同連隊は馬占山軍攻撃などに参加した。

昭和八年三月、第十六連隊長十カ月で近衛歩兵第一連隊長に転じ、内地に帰還した。

教導学校長から旅団長

十年三月、小泉は近衛歩兵第一連隊長を二年務め、仙台教導学校校長に転じた。教導学校とは下士官候補者の教育を担当する学校で仙台、豊橋、熊本にあった。

小泉は、同校長在任中の十年八月、少将に進級する。同期ではトップより一年遅れの第三選抜組であった。教導学校長を一年務め、十一年三月、歩兵第一旅団長に栄転する。

第一旅団は歩兵第一師団隷下にあり、その頭号師団の第一旅団長として勇躍赴任した。また補職直前の二月二十六日に発生した二・二六事件の決起部隊の中心は第一師団隷下の連隊で、その責任を負って師団長堀丈夫中将、第一旅団長佐藤正三郎少将等が退役させられた。小泉は第一師団の綱紀粛正を期待されて佐藤の後任として任命されたものである。

事件後、第一師団は満州に移駐させられ、小泉も再び満州に赴任した。このときが小泉の最も日の当たる時期であったであろう。

要塞司令官から予備役編入

しかし、十二年八月、宇都宮の第十四師団司令部附を命じられ帰還した。その後十三年七月、中将に進級したが、新しい補職は師団長ではなく朝鮮の鎮海湾要塞司令官であった。この要塞司令官はほとんどが退役待ちのポストで、小泉も翌十四年三月、待命・予備役編入となり現役を去った。

死の状況

召集　兵務部長　師団長

退役後の小泉は、第二の人生を中華民国新民会中央訓練所長として北京で過ごしていたが、二十年五月臨時召集を受け、東部軍管区兵務部長に任じられた。兵務部は、昭和十六年、師団以上の組織に設置されたが、管内の召集、動員、在郷軍人の教育、軍人援護、職業補導、学校教練等を管掌し、師団兵務部長は、連隊区司令官を、軍管区兵務部長は、師団兵務部長を指揮監督した。

しかし、終戦後の八月二十五日、第一四二師団長に親補され、終戦に伴う復員業務を行うこととなった。一四二師団は本土決戦用に二十年四月に編成された師団で、師団長は二十八期の寺垣忠雄中将であった。なぜこの時期に師団長が交替となったのか、他にほとんど例が無く疑問の残るところである。

終戦後の師団長の交替は、このほか第三〇三師団の石田栄熊中将（二十七期）から野副昌徳中将（二十二期）への交替が有るのみである。石田中将は泰緬鉄道建設に伴う捕虜殺害や虐待容疑で英軍から戦犯容疑で引き渡し要求を受けており、寺垣の交代も同種の事例の可能性がある。

自決

小泉は、二十一年十二月十日に自決したが、終戦の報を聞くと、臣節を全うできなかったと責任を痛感し、さらに同期の阿南陸軍大臣や一期後輩の田中東部軍司令官の自決に感銘を受けて自決の覚悟を決め、軍関係の書類を焼却するなど身辺の整理を進めていたが、師団長に任じられるとこれが最後の仕事だ、心おきなく死ねると大変感激して仙台に赴任したと夫人が書き残しているという（『世紀の自決』）。

復員業務は十二月に完了し、小泉も召集解除となり、自決を実行しようとしたが、周囲から外地にいる長男の復員を待ってからとの勧めで時期を待っていたという。その長男の復員を得て、小泉はかねて覚悟の自決を三鷹の自宅に於て実行した。短刀による割腹であった。

その遺書には

「国家再建の大偉業を祈る
感謝、国恩と社会愛
国家の再建に貢献する所思ふに任せず
斯くては　国恩に反するを畏る
茲に一死以て国恩に答え　謹んで
国家再建の大偉業成り　益々国運の
隆昌ならんことを御祈りする」

とあった（『世紀の自決』）。

小泉は敗戦について臣節を全うできなかったと強く責任を感じていたというが、開戦時には既に予備役となっており、開戦責任を負う立場にも、その後の戦闘によって多くの部下の死に責任を有する立場にもなかった。にもかかわらず敗戦後一年以上も経って自決を決行する克己心には驚かせられるが、遺書を読んでも今日ではいささか理解し難い。小泉にとって戦後の日本はそれほど生きるに値しなかったのであろうか。

参考文献
改訂版　世紀の自決　額田坦編　芙蓉書房
昭和の反乱　石橋恒喜　高木書房

中将

篠塚　義男（東京）

Shinozuka Yoshio

（写真『帝国陸軍将軍総覧』P367）

明治十七年九月十五日　生
昭和二十年九月十七日　没（自決─割腹）
東京　六十一歳
陸士十七期（歩））首席
陸大二十三期　恩賜
独駐在
功二

主要進級歴

明治三十八年四月二十一日　少尉任官

昭和三年八月十日　大佐

昭和八年三月十八日　少将

昭和十一年十二月一日　中将

主要軍歴

明治三十八年三月三十日　陸軍士官学校卒業

明治四十四年十一月二十九日　陸軍大学校卒業

大正十三年十一月二十九日　駐オーストリア兼

　ハンガリー武官

昭和二年二月二十二日　近衛歩兵第三連隊附

昭和三年八月十日　大佐　参謀本部総務部庶務課長

昭和六年八月一日　歩兵第一連隊長

昭和七年八月八日　陸軍歩兵学校研究主事

昭和八年三月十八日　少将　陸軍省整備局御用掛

昭和九年六月四日　内閣資源局企画部長

昭和十年八月一日　近衛歩兵第一旅団長

昭和十一年三月七日　独立混成第一旅団長

昭和十一年十二月一日　中将

昭和十二年三月一日　陸士校長

昭和十三年六月十八日　第十師団長

昭和十四年九月七日　第一軍司令官

昭和十六年六月二十日　軍事参議官兼陸士校長

昭和十七年四月一日　軍事参議官

昭和十七年六月二日　予備役編入

昭和二十年八月十七日　自決

プロフィール

陸士首席　陸大恩賜のエリート軍人

篠塚は、熊本地方幼年学校を経て、陸士、陸大と進み、陸士は首席、陸大は恩賜の成績で卒業、軍のエリートコースを歩む。海外経験も陸大卒業後のドイツ駐在の他スイス駐在、オーストリア兼ハンガリー駐在武官を務めるなど豊富である。省部では陸軍省軍務局勤務が多く、四度にわたり籍を置いている。参謀本部には、大佐に進級後総務部庶務課長として三年勤務した。進級も常に第一選抜で、序列も東條英機が首相となって、特例で大将になるまでは長く同期トップであった。

野戦指揮官

篠塚の経歴は、省部での勤務も多いが、むしろ野戦指揮官経験が多く、また陸士校長を二度にわたって務めるなどオールラウンド型の将軍である。

参謀本部庶務課長のあと歩兵第一連隊長（昭和六年八月〜七年八月）に転じ、その後近衛歩兵第一旅団長（十年八月〜十一年三月）、独立混成第一旅団長（十一年三月〜十二年三月）、第十師団長（十三年六月〜十四年九月）、第一軍司令官（十四年九月〜十六年六月）へと累進している。

第一連隊長、近衛第一旅団長時代は内地にあったが、独混第一旅団長としては満州公主嶺にあって我が国初の機械化兵団を率い、国境紛争（タウラン事件）等にも出動した。第十師団長としては中支に出動、中支那派遣軍（軍司令官畑俊六大将）の隷下で台児荘の戦、徐州会戦、武漢攻略作戦等の大作戦に参加した。師団長一年あまりで北支那方面軍（軍司令官多田駿中将）隷下の第一軍司令官に昇進した。

第一軍司令官時代は昭和十四年九月から十六年六月まで一年九カ月に及んだが、山西省を中心とする占領地域の治安確保を任務とし、中国共産党軍の粛正討伐に当たった。昭和十五年八月から十二月にかけては、これまで管内で地下深く浸透してきた中共軍が一斉に攻勢に転じ、百団大戦とも百団会戦とも称される大攻勢で鉄道や、炭坑などが随所で破壊され、また各地に分散した日本軍警備隊の玉砕も少なからず発生する等、大きな損害を受けた。

この中共軍の攻勢も、日本軍の徹底した討伐作戦が功を奏し、十六年には次第に収束していったが、日本軍の占領地は点と線を確保するに過ぎず、中国民衆の抵抗運動を圧殺することは出来なかった。

軍事参議官

こうした中、篠塚は十六年六月、軍事参議官兼陸士校長として内地に帰還した。篠塚にとっては二度目の陸士校長であった。篠塚の軍歴中、大佐時代の歩兵学校研究主事と二度の陸士校長が目を引く。また少将時代に内閣資源局に出向し、企画部長を務めているが、篠塚が単なる武弁ではないことを示している。

軍事参議官は、日露戦争直前の明治三十六年に創設された制度である。それまで陸主、海従で参謀総長の下にあった軍令部長が天皇に直隷し陸海同格となったため陸海の調整機関として軍事参議院が設置され、そのメンバーを軍事参議官と呼んだ。

元帥称号を持つ大将、陸・海軍大臣、参謀総長、軍令部長（のち軍令部総長）及び陸・海軍大・中将のうち適任の者が選ばれた。軍事参議官は親補職であったが機能的には次第に有名無実になって、親補職経験者の次の補職待ちや転役待ちの閑職となっていた。しかし、篠塚はこの軍事参議官に親補されたことが後に自ら命を絶つ源となる。

予備役編入

篠塚は昭和十七年四月、陸士校長を解かれ、軍事参議官に専任することとなったが、同年六月、予備役に編入された。この予備役編入は篠塚の希望による依願転役との説もあるが、同期の東條に疎まれたためとの見方もある。

篠塚は陸士を首席で卒業し、陸大も恩賜の成績優等者で長く同期の序列トップを走っていたが、東條の台頭とともに東條批判派の一員と見なされるようになった。同じく同期の前田利為ほどの反東條派ではなかったが、少なくとも東條としては煙たい存在であったようだ。もし、この時期に転役させなければ大将進級の時期に達しており、東條はそれを嫌ったとの見方である。

同期で大将になったのは東條と、後宮淳及び前田利為の三人であるが、東條は首相就任に伴って特例進級し、前田は死後の進級であった。

もう一人の後宮は大佐、少将、中将進級は第二選抜で篠塚や前田等より遅れていたが、陸軍省人事局長や軍務局長を歴任し、政治性もあったという。また東條との関係は東條の不遇時代、後宮が人事局長として東條を助けたことがあって後宮の大将進級は、その恩返しとの見方もあった。のち東條が参謀総長を兼ねた際は高級参謀次長（次長二人制）となり東條を補佐している。

死の状況

自決

昭和二十年八月十七日、篠塚は代々木の自宅で割腹自決した。大東亜戦争開戦時、既に期するところがあったという。夫人は終戦の数日前からそのことを予期し、天皇から御下賜の羽二重を死に装束に仕立て直していたという。

篠塚の自決の理由はその遺書に明瞭に記されているが、大東亜戦争開戦に当たり、軍事参議官として開戦に賛成した責任を取るのだという。

軍事参議院は、「帷幄ノ下ニアリテ重要軍務ノ諮詢ニ応ズル所」として明治三十六年に設置され、そのメンバーを軍事参議官と呼んだが、草創期を除き全く有名無実の存在となっていた。長く全体会議が開かれたこともなかったという。ところが、この軍事参議院が昭和十六年十一月四日、天皇臨席のもと開催された。東條首相の「国家興亡の重大事態に処するためには、陛下の御納得のいくようあらゆる手段を講ずべく、このためには軍事参議院にも御諮詢あるべき」との強い意向で異例の開催となったと伝えられている。

この日の出席者は陸軍側は閑院宮戴仁親王元帥（大将）、朝香宮鳩彦王大将、東久邇宮稔彦王大将、東條陸相（大将）、杉山参謀総長（大将）、寺内寿一大将、西尾寿造大将、山田乙三大将、土肥原賢二大将、篠塚義男中将。海軍側は伏見宮博恭王元帥（大将）、嶋田海軍大臣（大将）、永野軍令部総長（大将）、

百武源吾大将、加藤隆義大将、及川古志郎大将、塩澤幸一大将、吉田善吾大将、日比野正治中将の十九名であった。

会議は閑院宮を議長として開催され、永野軍令部総長と杉山参謀総長から戦争決意の理由や作戦見通しの説明のあと質疑応答がなされた。質疑応答は事前に準備されたもので、開戦に対する疑問や反対の意見は全くなく、全会一致で開戦に賛成している。篠塚は全く発言していない。奉答書に署名しただけである。このことを以て篠塚は責任を感じ、自決した。

篠塚の遺書には「大東亜戦争開始ニ当リ、軍事参議官トシテ同官会議列席、開戦ヲ可ト奉答致シ候。此ノ信念ハ今モ変ラズト雖モ国家ノ運命今日ニ至リシ上ハ深ク責任ヲ感ジ候。此ニ自決以テ謹デ陛下ニ御詫申上ゲ、戦没者及ビ其ノ遺族並ニ国民ノ各位ニ陳謝致シ候」（『世紀の自決』）とある。

篠塚は本当のところ、何に責任を感じたのであろうか。軍事参議官会議は何の権限を持っているわけでもなく、全く形式的なものである。その中で篠塚は最下級の将官として出席し、何の意見も述べていない。大東亜戦争に内心反対であったかというとそうではない。遺書の後に長文の「所信」を付記しており、その中であの戦争は「当時の情勢上開戦の止むなかりしことは今日といえども確信する所」と述べており、勝敗も「相当の勝算ありし」と述べている。

しからば、篠塚は戦争を始めたことに責任を感じているのではなく、結果として負けた敗戦責任を感じているのであろうか。所信の中では「戦敗れて国家の運命今日にいたりたる上は理由の如何に関わらず責めを引くは当然」といっている。正に敗戦責任を感じている。

しかし、敗戦責任を負うといっても、篠塚は昭和十七年六月、まだ日本の緒戦大勝利の余韻さめやらぬ時に予備役となっており、その後の斜陽、敗北に責めを負わなければならない立場にあったわけではない。

開戦責任にせよ、敗戦責任にせよ、それを負うべき立場の者が恬として恥じず、戦後も生き残って多言を弄した者が多数いる中で、その鋭敏な責任感は敬服に値するが、その死は惜しまれる。

戦後の自決者の中には、こうした有名無名の軍人が多数含まれていることを忘れてはならない。

参考文献

戦史叢書　支那事変陸軍作戦2、3
戦史叢書　北支の治安戦2
戦史叢書　大東亜戦争開戦経緯
陸軍省人事局長の回想　額田坦　芙蓉書房
東條英機　東條英機刊行会　上法快男編　芙蓉書房
世紀の自決（改訂版）　額田坦　芙蓉書房
陸軍大学校　上法快男編　芙蓉書房
別冊歴史読本　戦記シリーズ32　太平洋戦争師団戦史　新人物往来

中将

城倉　義衛（長野）

Shirokura Yoshie

明治二十年九月二十七日　生
昭和二十年九月十三日　没（自決）　愛知　五十七歳
陸士二十期（歩→憲）　恩賜
東大法

主要進級歴

明治四十一年十二月二十五日　少尉任官
昭和九年八月一日　大佐
昭和十三年三月一日　少将
昭和十五年十二月二日　中将

主要軍歴

明治四十一年五月二十七日　陸軍士官学校卒業
昭和二年三月　東京帝国大学法学部卒業
昭和九年八月一日　大佐　憲兵司令部警務部長
昭和十一年八月一日　京城憲兵隊長
昭和十二年三月一日　関東憲兵隊総務部長
昭和十三年三月一日　少将
昭和十三年七月十五日　関東憲兵隊司令官
昭和十五年三月九日　憲兵学校長
昭和十五年十二月二日　中将　憲兵司令部本部長
昭和十六年七月一日　北支那派遣憲兵隊司令官
昭和十八年八月二十六日　待命
昭和十八年八月三十日　予備役編入
昭和二十年九月十三日　自決

プロフィール

憲兵科のエリート

城倉は無天（非陸大卒）の将軍であるが、陸士恩賜の成績であり、歩兵科から憲兵に転科後、東京帝国大学法学部に派遣され法学科を卒業している。非陸大卒でも東大派遣学生や砲工学校優等生は陸大卒とほぼ同様の扱いを受けており、無天組ではトップで中将に進級している。

城倉の憲兵転科は、中尉か大尉時代と思われるが、陸士を恩賜で卒業しながら、軍人としては傍流の憲兵に転科した理由は不明である。憲兵は、その権力の大きさから一般人からは恐れられ、権威も高かったが、軍内に於いては、戦闘を旨としなかったため、憲兵は軍人にあらずとか、あるいはその職掌から犬とまで酷評されることもあり、その地位は決して高くはなかった。陸大進学の道も事実上閉ざされており、憲兵科は主計や軍医等と同様に、階級は中将までしかなかった。

憲兵に転科後は、昭和九年八月、大佐に進級とともに憲兵司令部警務部長に就任し、十一年八月、京城憲兵隊長、ついで十二年三月、関東憲兵隊総務部長となり、十三年七月には関東憲兵隊司令官に昇進した。

関東憲兵隊司令官は、東條英機や田中静壱（大将、終戦時自決）等も少将から中将時代に務めており、十三年三月に少将に進級したばかりの城倉の補職は抜擢である。いずれ憲兵隊司令官への昇進が期待されたが、十五年三月、憲兵学校長に転じた。憲兵学校長九カ月で、十五年十二月、中将に進級と共に憲兵司令部本部長を命じられた。本部長職は通常少将職で、左遷に近い。本来この時憲兵司令官となってもおかしくはなかったが、当時陸軍大臣として権勢を振るった東條とは相容れないものがあったらしい。

東條は、関東憲兵隊長時代の経験から、憲兵の利用価値を知り、のちに東條憲兵といわれるように政敵の排除などに憲兵を私兵化したが、城倉はその東條憲兵の系譜には繋がらなかった。

城倉は本部長七カ月で、十六年七月、北支那派遣憲兵隊司令官に追われ、十八年八月、待命となり、同月予備役に編入された。

陸士同期（二十期）には、戦後の自決者や戦犯としての刑死者が出ており、城倉の他、吉本貞一大将、草場辰巳大陸鉄道司令官、秋山義兌第一三七師団長が自決。木村兵太郎大将がA級戦犯として、酒井隆元第二十三軍司令官がＢＣ級戦犯として処刑されている。戦死者には沖縄で戦死した牛島満第三十二軍司令官（死後大将）がいる。

死の状況

自決

城倉は、予備役となった後、中部国民勤労訓練所長を務めていたが、終戦後の二十年九月十三日、訓練所のあった愛知県で自決したと伝えられているが、その理由、状況などは不明である。

城倉は憲兵科の将軍であり、開戦責任や敗戦責任を負う立場にはない。考えられるのは北支憲兵司令官時代の戦犯訴追を恐れてのこととも考えられるが、九月時点ではまだ戦犯指名は受けていないはずで、その死はいささか不可解である。諸文献をあたっても城倉について残された資料はほとんどない。

参考文献

日本憲兵正史　全国憲友会連合会編纂委員会編　研文書院
昭和憲兵史　大谷敬二郎　みすず書房
改訂版　世紀の自決　額田坦編　芙蓉書房

中将

瀬谷　啓（栃木）

Seya Hiraku

明治二十二年十月十三日　生
昭和二十九年五月二十七日　没（自決）　満州　六十四歳
陸士二十二期（歩）　首席
陸大三十期
アルゼンチン駐在
功三

主要進級歴

明治四十三年十二月二十六日　少尉任官
昭和八年八月一日　大佐
昭和十二年八月二日　少将
昭和十四年十月二日　中将

主要軍歴

明治四十三年五月二十八日　陸軍士官学校卒業
大正七年十一月二十九日　陸軍大学校卒業
昭和五年八月一日　陸大教官
昭和八年八月一日　大佐
昭和九年八月一日　歩兵第十三連隊長
昭和十一年八月一日　近衛師団司令部附
昭和十二年八月二日　少将
昭和十二年十二月一日　第三師団司令部附
昭和十三年三月一日　歩兵第三十三旅団長
昭和十四年十月二日　中将　基隆要塞司令官
昭和十五年八月一日　待命
昭和十五年八月三十一日　予備役編入
昭和二十年四月八日　召集　羅津要塞司令官
昭和二十九年五月二十七日　自決

プロフィール

不遇のエリート

瀬谷は旧姓安藤。中央幼年学校予科より、陸士、陸大に進む。陸士は首席、陸大も恩賜に次ぐ上位の成績で卒業している。学歴からいえば軍の中枢を歩んでもおかしくない成績で、大佐、少将、中将の進級も同期トップの第一選抜で進んでいるが、軍歴はどうしたことか、寄り道が多く極めて寂しいものである。省部での勤務もほとんどないし（陸大卒業後中尉時代に軍務局に配属されたことがある）、師団長にもならず閑職の要塞司令官を務めただけで退役になっている。この期（二十二期）は十七名が軍司令官になっているが、瀬谷が師団長にもなれなかった理由がよくわからない。進級が順調だっただけに不可解である。

瀬谷は、陸大卒業後、一年間軍務局に配属され、大尉昇進とともに陸大教官となる。その後、アルゼンチン公使館附武官として二年半近く海外駐在を経験する。帰国後、奈良連隊区司令部附となり、二年後、歩兵第七十連隊の大隊長となる。その後、再び陸大教官に戻り、陸大で四年を過ごす。陸大勤務は通算八年に及び、異例に長い。

ついで、昭和九年八月、歩兵第十三連隊長に栄転する。同連隊は、熊本の第六師団所属で当時満州に駐屯、対ソ線に備え、満州の治安警備にあたった。昭和十一年八月、帰還したが、近衛師団司令部附となり配属将校として東京帝国大学に派遣される。東京帝大配属中の十二年八月、少将に進級する。少将進級も同期の第一陣である。同年十二月、第三司令部附となり、三カ月ほど補職待ちのあと、十三年三月、歩兵第三十三旅団長に栄転する。

三十三旅団は第十師団隷下の部隊で、支那事変勃発とともに動員され華北に出兵した。瀬谷が旅団長となってからは、台児荘の戦い、徐州会戦、武漢攻略戦等に参加、瀬谷支隊を率いて活躍したが支隊の損害も大きかった。

師団は十四年十月、内地帰還を命じられ衛戍地の姫路に戻る。瀬谷はこの月、同期の第一陣で中将に進級する。ところが次の補職は、師団長ではなく台湾の基隆要塞司令官であった。

十三年三月の旅団長就任は、同期のトップクラスと比較しても順当なもので、瀬谷としては得意な時期であったであろうが、要塞司令官への転補は極めて不本意なものだったに違いない。明らかに左遷である。

要塞司令官は、ほとんどが次の異動では転役（予備役）が予想される閑職である。瀬谷の同期は、十三名が要塞司令官を経験しているが、うち九名が要塞司令官を最後に予備役に編入されている。

瀬谷もその例に漏れず、十五年八月一日、待命を命じられ、同月末を以て予備役に編入された。体調を壊したか、旅団長時代の指揮統率ぶりに問題があったのではないかと思われるが、公刊戦史などには触れられていない。

死の状況

自決

予備役編入から四年九カ月後の二十年四月、瀬谷は突然召集を受け、再び軍務についた。補職は北朝鮮のソ連国境に近い羅津要塞司令官であった。

八月九日午前零時過ぎ、突如羅津港一帯は国籍不明の飛行機数十機の空襲を受けた。ソ連軍の侵攻であった。当時北朝鮮北部は、関東軍の担任地域となっており、羅津要塞もその指揮下にあった。ソ連軍は空襲のあと陸路からも侵攻し、翌十日には、羅津はソ連軍に占領された。この時ソ連軍は、在住の日本人に「瀬谷や二見（瀬谷の前任の司令官）を知らないかと探し回っていたという（『大東亜戦史8　朝鮮編』）。しかし、ソ連に狙われるような軍歴ではない。

瀬谷は、昭和二十九年五月二十七日、満州で自決と伝えられているが、その詳細は不明である。ソ連軍によってシベリアに抑留されたが、その後、中国から戦犯容疑者として引き渡し要求があり、中国に移送された模様である。中国で戦犯容疑者として抑留中、自決したのではないかと思われるが、瀬谷については戦犯リストにも見あたらず、訴追されたとの情報も見あたらない。

瀬谷の中国との関係では、第十師団の第三十三旅団長時代しかないが、瀬谷が仕えた歴代師団長磯谷廉介、篠塚義男、佐々木一の三名のうち、磯谷と佐々木が中国に拘留されており、磯谷は終身刑（二十七年釈放）が宣告され、佐々木は、未決拘留中の三十年五月に撫順で死亡と伝えられている。篠塚は終戦後の九月十七日、東京で自決している。瀬谷も旅団長時代の容疑で捕われたものであろう。

瀬谷の同期（二十二期）は、原田熊吉第五十五軍司令官、田辺盛武第二十五軍司令官、田中久一第二十三軍司令官、西村琢磨シャン州政庁長官（元近衛師団長）が戦犯死、寺本熊市第四航空軍司令官、安達二十三第十八軍司令官が自決、村上啓作第三軍司令官、小林恒一満州国高等軍事学校長（元東京湾要塞司令官）、大木繁関東憲兵隊司令官、加藤泊次郎北支那派遣憲兵隊司令官等がソ連によるシベリア抑留中に死亡している。

参考文献
戦史叢書　関東軍2
大東亜戦史8　朝鮮編　富士書苑
孤島の土となるとも　BC級戦犯裁判　岩川隆　講談社
丸　戦争と人物20　軍司令官と師団長　戦犯になった陸軍将官―茶園義男

中将

寺本 熊市（和歌山）

Teramoto Kumaichi

明治二十二年一月三日　生
昭和二十年八月十五日　没（自決—割腹）
東京　五十六歳
陸士二十二期（歩→航）
陸大三十三期
米駐在
功三級

主要進級歴
明治四十三年十二月二十六日　少尉任官
昭和八年八月一日　大佐
昭和十二年十一月一日　少将
昭和十五年八月一日　中将

主要軍歴
明治四十三年五月二十八日　陸軍士官学校卒業
大正十年十一月二十八日　陸軍大学校卒業
昭和三年十二月十二日　陸大専攻科卒業
昭和八年八月一日　大佐　飛行第八連隊長
昭和九年十一月十六日　臨時飛行第二大隊長
昭和十年十二月一日　飛行第十六連隊長
昭和十一年十二月一日　航空本部員
昭和十二年七月十八日　留守航空兵団参謀長
昭和十二年十一月一日　少将　浜松飛行学校幹事
昭和十三年六月十日　航空兵団参謀長
昭和十四年八月一日　浜松飛行学校幹事
昭和十五年八月一日　中将　第二飛行集団長
昭和十七年四月十五日　第二飛行師団長
昭和十八年五月一日　第一航空軍司令官
昭和十八年七月二十日　第四航空軍司令官
昭和十九年八月三十日　航空本部附
昭和十九年十月二日　航空審査部本部長事務取扱
昭和二十年四月十九日　航空本部長
昭和二十年八月十五日　自決

プロフィール

陸軍航空兵科一期生
寺本は、仙台地方幼年学校を経て、陸士、陸大に進み、更に陸大専攻科で学んだエリート軍人である。
陸大卒業後、参謀本部総務部編成動員課動員班に配属され、その後第三師団参謀を務めたが、大正十四年、大尉時代に航空に転科した。

日本陸軍の航空部隊の創設は、大正四年に所沢で飛行大隊が編成されたことに始まる。飛行二個中隊と気球一個中隊が母胎である。航空部隊は、大正十一年の宇垣軍縮の際もその対象とならず、大正十四年には航空兵科が独立、拡充されている。といっても飛行連隊八個、常備機五百機、将校四百名、下士官・兵二千七百名という小規模なものであった。寺本はこの時歩兵科から航空兵科に転科しており、いわば航空兵科の一期生である。

寺本は大正十五年八月、航空本部員となる。

航空本部は、正式には陸軍航空本部と呼ばれ、大正十四年に陸軍航空部が拡充されたものである。航空本部の機能は幾多変遷しているが、陸軍航空に関する調査、研究、教育、航空兵器工業の指導・育成、新型機選定等を任務とし、総務部、航空審査部、航空廠、飛行実験部、気象部（以上いずれも陸軍を冠する）等の組織があった。

次いで寺本は、昭和二年、陸大専攻科に進む。専攻科は、大正十三年に中・少佐を対象に「高等用兵に関する学術の深厚なる研究を行う」ことを目的に創設された、いわば陸大の大学院ともいうべき存在であった。

寺本は少佐時代に専攻科（第四期）に入り、「開戦初期における航空隊の運用及びこれが平時準備及施設」が研究テーマであった。昭和三年十二月、専攻科卒業とともに、アメリカ大使館附武官補佐官として渡米、昭和六年八月、帰国して再び航空本部員となる。

昭和八年八月、第一選抜で大佐に進級するとともに飛行第八連隊長に補される。同連隊は台湾の屏東が編成地であった。次いで昭和九年十一月、臨時飛行第二大隊長に転じ、更に十年十二月には海浪（満州國）の飛行第十六連隊長に転じる。十一年十二月、再び航空本部員に戻るが、その後も十二年七月留守航空兵団参謀長、十二年十一月、少将進級とともに浜松飛行学校幹事、十三年六月、航空兵団参謀長、十四年八月再度の浜松飛行学校幹事と目まぐるしく異動している。

浜松飛行学校は、正式には浜松陸軍飛行学校と称され、重爆撃機専門の教育機関であった。幹事は副校長あるいは教頭に相当する。

航空兵団は昭和十一年八月、内地の全航空部隊の統括、指揮機関として創設されたものである。陸軍最初の航空軍ともいうべきもので、創設間もなく満州に派遣された。

昭和十五年八月一日、寺本は中将に進級し、第二飛行集団長に補せられる。進級は第二選抜組であった。

飛行集団は後に飛行師団に改称されるが、二個飛行団（歩兵師団の旅団に相当）及び輸送中隊、偵察中隊からなり、戦闘機、爆撃機、偵察機を有し、飛行機の整備・修理を行う飛行場大隊や野戦気象大隊、航空通信大隊、野戦高射砲大隊等も隷下に持つ戦略単位の部隊であった。

第二飛行集団は十四年三月、内地の第一飛行集団と共に最初に編成された集団で、ソ連に対応するため満州の新京（現長春）に司令部を置いた。昭和十四年のノモンハン事件でソ連機と対戦したのはこの集団である。

少し遅れて九月に華北（中国）担当の第三飛行集団が編成された。これら飛行集団は十七年四月、飛行師団と改称され、寺本は引き続いて第二飛行師団長として指揮を執った。第二飛行集団長、第二飛行師団長時代は満州に進出してきた航空兵団司令官の指揮の下、中国華北にも出撃、偵察や爆撃で地上軍の作戦に協力した。

第四航空軍司令官

十七年六月、満州の第一飛行師団、第二飛行師団を指揮する第一航空軍が編成され、寺本は十八年五月、その二代目軍司令官に親補された。しかし、間なしの同年七月二十日、第四航空軍司令官に転補された。寺本の満州在任は三年を過ぎていた。このころ既にガダルカナルは失陥し、ニューギニアでは米・豪軍と第十八軍との間に死闘が繰り広げられていた。これを支援するため飛行第六師団が派遣されていたが、更に戦力増強のため第七飛行師団と第一挺進団（空挺部隊）が増派されることとなり、その統帥組織として第四航空軍が設立され、ニューギニアに派遣されることとなった。寺本の統帥発動は八月十日であった。軍司令部は当初ラバウルに置かれ、次いでニューギニアのウエワクに進出した。

ニューギニア

ニューギニアで米第五空軍と既に半年にわたり死闘を重ねていた第六飛行師団との関係は微妙で、屋上屋を重ねた軍司令部には感情的反発があったと伝えられている。

寺本は米駐在経験の知米派であったが、長く満州にあって対米戦の経験はなかった。寺本が着任前に得た情報は、最近一カ月のソロモン方面の航空戦の成果は撃墜三一一機に対し、損害八二機で、優勢に戦っているという楽観的なものであった。寺本は補給さえ得られれば、成算ありと自信を持って赴任した。しかし、現実は厳しかった。

寺本の統帥発動間なしの八月十七日、第六、第七飛行師団の展開するウエワクの各飛行場は米軍機の奇襲攻撃を受けた。前日も夜間爆撃を受けており、その後片付けを始めた所であった。爆弾の落下によってはじめて敵襲と気づくほどの完全な奇襲であった。二十分前に航空情報隊が「ハンサ上空、中型機の大編隊通過」の情報を得ていたが、司令部に電話がつながらず、その情報は伝わらなかった。

この奇襲により、人員損傷は軽微（死者十九、負傷四十九）であったが、飛行場一面に並べられていた飛行機は、大破炎上約五十、中小破約五十という大被害を受け、第六飛行師団の出動可能機は二十八機、第七飛行師団は十機を残すのみとなった。レーダーのない悲劇であったが、連日の空襲はあるまいとの油断と飛行機の分散、遮蔽を怠っていたことも被害を大きくした。

第四航空軍の飛行機定数は、三五六機であったが、定数を満たしたことは一度もなく、細々と送り込まれた補充機も次々と損耗し、稼働機が百機を超えることも殆どなかった。

また、搭乗員や整備等の地上員も殆どの者がマラリアやアメーバ赤痢、デング熱等の熱帯病にかかったが、満足な治療も休養も受けられず、体温三十八度以下は病気と認めないとの方針の中、発熱や下痢をおして、地上作戦への協力や船団護衛、敵機の迎撃に懸命に出撃した。第一線はよく戦ったといえる。

消耗した搭乗員や地上員の補充もままならず、飛行機はあっても搭乗員がいないような事態も発生したり、主力爆撃機の九七式爆撃機の乗員は七名であったが、搭乗員不足のため四名や五名で出撃することもあったという。このため機銃要員を配置出来ずあたら被害を大きくしている。

戦闘機の主力は、一式戦(隼)と新鋭の三式戦(飛燕)であったが、一式戦は非力で米軍機に圧倒され、期待の三式戦はカタログ能力的には当時の米軍機を凌いでいたが、水冷エンジンの不調で稼働率が低く、大きな戦力とはならなかった。

昭和十八年十月、隷下の第七飛行師団がニューギニア西域の航空戦力強化のためこれまでの第八方面軍から第二方面軍に転属となりセラム島に転移した。このため第四航空軍の戦力は、第六飛行師団のみとなって孤軍奮闘を続けたが、連合軍の追撃は急で十九年三月二十五日、航空軍はウエワクから約四百キロ西のホーランジアに撤退した。寺本等のホーランジア撤退を察知した連合軍はホーランジアを大空襲、漸く集積した飛行機約百三十機余りが地上で撃破された。まだ司令部の防空壕も完成していなかったという。ホーランジア到着後僅か六日後のことであった。

第四航空軍のニューギニアでの戦いは、その後一カ月も続かなかった。第四航空軍は、ホーランジ移転の直前第八方面軍（軍司令官今村均大将）の隷下から豪北（西部ニューギニア等）担任の第二方面軍（軍司令官阿南惟幾中将、のち大将）に転属となり、四月十五日、セレベス島のメナドに後退し、更に第二方面軍から南方軍直轄となり、再建を図ることとなる。

第四航空軍司令部が、ホーランジアを去って一週間後の四月二十二日、ホーランジアに米軍が上陸してきた。取り残された第六飛行師団は抵抗の手段もなく、稲田正純師団長（心得）以下、搭乗員や地上員その他約七千三百名は、西のサルミに向けて撤退した。ホーランジア、サルミ間は直線距離で約二百キロであったが、食もなく、歩行に不慣れな航空部隊の道なきジャングルを縫っての撤退は難儀をきわめ、先頭集団がサルミに到着したのは五月末日のことであった。半数は途中ジャングルに呑まれサルミに到着出来なかったという。その後師団長や司令部要員及び残っていた搭乗員等約五十名は、大発で更に後方のマノクワリに救出されたが、その他は殆ど生きて祖国に戻ることはなかった。また、稲田師団長は独断撤退の科で解任され、同師団は解体された。

メナドに撤退した第四航空軍は、更に六月二日マニラに後退した。

次々と後退を重ねる同軍に対して「またも逃げたか四航軍」の悪名を流されたが、これは寺本の責任ではあるまい。質量共に劣った飛行機しか与えられず、レーダーもなく、飛行場建設機械もなく、搭乗員、地上員の交代も、休養もない、ないないづくしの中で、どのような統帥の妙を発揮出来たというのか。

寺本は、満州の第一航空軍司令官から第四航空軍司令官となってニューギニアに赴任する際、東京で元上司の堀丈夫予備役中将（陸軍航空の草分け、早くから空軍の独立を主張、第一師団長時代、二・二六事件の責任を取らされ退役）宅に立ち寄り「よくもよくも米国を相手にしたものだ。あちらは種を自動車でばら撒いただけで、ほっておいても穀物の出来る国だ。その上石油はある。資源はある。第一次大戦以来、連合国数カ国の台所を賄ってきた国だ。国力を侮ってはいかん。しかし決まってしまった以上は天子様にお仕えするだけだ」と語って行ったという（『大本営参謀の情報戦記』）。

また、後日ウエワクに出張で訪れた堀中将の養子で、大本営参謀であった堀栄三少佐（後に第十四方面軍司令官山下奉文大将のもとで米軍の意図を的確に見抜きマッカーサー参謀と呼ばれた）に対し、「なぜ日本は制空権を失ったのか」と問いかけ、「それは『軍の主兵は航空なり』、これを戦前に採用しなかったからだ。日本の作戦課はいまでも『軍の主兵は歩兵なり』といっている。海軍が大艦巨砲主義という日本海海戦の思想に止まっていて時代遅れだと、陸軍が海軍を非難するが、その陸軍は奉天会戦時代の歩兵主義から一歩も進歩していない。どちらも頭が古くて近代戦を知らないのだ。軍人の全部ではない作戦課という一握りの人間が勉強しなかったのだ」、「制空権を維持して相手に奪われないようにするためには、後から後から新しい飛行機を作って、新しい操縦手を作って送り出してこなければならない。日本が高度七千メートルの飛行機を持っていたら、米国は高度八千メートルまでいける飛行機を作る。九千メートルになったら、一万メートル、一万メートルになったら一万二千メートルと、日本軍の上昇能力の上へ、上へと作ってくる。日本軍の零戦、一式戦とも最初は米軍よりも優秀であったが、その後が続かない。要するに制空権を持続させるには、後方の国力がものをいう。軍の主兵は航空なり、というのは国力の裏付けが必要になってくる。それなくして戦争は勝てないのだ」、「中央から送ってくるのは激励と訓辞、戦陣訓と勅諭だが、第一線の欲しいのは弾丸だ、飛行機だ、操縦手だ、燃料だ、食料だ」と夜を徹して語り、制空権の必要性、その維持のための国力、その彼我の国力判定の誤り等軍中央の不勉強、不手際を口を極めて非難したという（前掲『大本営参謀の情報戦記』）。

マニラに撤退した寺本のマニラ生活も長くはなく、十九年八月三十日、軍司令官を解任され航空本部附に更迭された。後任は、航空に全く経験のない富永恭次陸軍次官兼人事局長であった。七月のサイパン失陥による東條退陣に伴う東條系人脈の一掃の一環として、富永が送り込まれたものであった。時の杉山陸軍大臣は富永に「航空関係者の軍紀が乱れている。貴官が行って立て直して欲しい」といったという。かつ、また周囲に「なんと名人事ではないか」と誇ったとも伝えられている。この名人事によって送り込まれた富永軍司令官は、半年後部下を置き去りにして比島から台湾に逃亡してしまった。このような軍司令官を送り込まれた多くの将兵こそ、とんだ災難であった。

死の状況

自決

失意のうちに帰還した寺本は、航空本部附となったが、十月二日航空審査部本部長事務取扱を命じられ、半年後の二十年四月十九日、航空本部長に補せられた。前任は阿南惟幾大将であった。この時陸軍の航空部隊を統一指揮するため航空総軍が編成され、あわせて教育機能を担任した陸軍航空総監部は、航空総軍に吸収され、航空総軍が作戦と教育を一体的に担当することとなった。航空総軍司令官にはインパール作戦で大敗した河辺正三元ビルマ方面軍司令官が大将に進級して任命された。この人事は、戦に負けても大将かと軍内部でも不評であったという。

昭和二十年八月十五日、日本はポツダム宣言を受け入れ降伏した（正式には九月二日）。

寺本は天皇の放送を聞いた後、副官に「書き物をするから呼ぶ迄は来るな」命じ、室内に太平洋と大東亜地域の地図を二枚重ねて敷いた上に軍装を正して宮城に向かって端座し、軍刀で割腹したあと、口内に拳銃を発射して自決したと伝えられている（『世紀の自決』）。

その遺書には「此日迄南東方面旧部下及戦友将兵ノ孤軍奮闘ニ対シ捲土重来ヲ楽ミ今日迄碌々セ

シガ、事茲ニ至ル。戦死陣没旧部下及孤軍奮闘中ノ戦友将兵各位ニ深ク御詫申ス（一部略）」と書かれている。ニューギニアでの責任を取ったものである。

ニューギニアで共に戦った第十八軍司令官安達二十三中将は、寺本と陸士同期であるが、安達も二十二年九月、戦犯関係等の終戦処理を終えてラバウルで自決している。

この期は戦犯死も多く、原田熊吉第五十五軍司令官、田辺盛武第二十五軍司令官、田中久一第二十三軍司令官、西村琢磨シャン州政庁長官等が刑死している。死ななかったがインパール作戦で将兵の怨嗟の的となった牟田口廉也元第十五軍司令官も同期で、戦後もインパール作戦について「俺のいう通りやっていれば勝てた。失敗したのは部下のせいだ」と主張し続けた。これも一つの信念であろうが、戦場に倒れた多くの将兵は浮かばれまい。

参考文献

戦史叢書　東部ニューギニア陸軍航空作戦
陸軍航空隊全史　木俣滋郎　朝日ソノラマ
大本営参謀の情報戦記　堀栄三　文藝春秋
別冊歴史読本　日本陸海軍航空隊総覧　新人物往来社
丸エキストラ　戦史と旅13　陸軍航空作戦の全貌　潮書房
丸　戦争と人物2　陸海軍航空隊の戦歴　潮書房
丸別冊　太平洋戦争証言シリーズ2　地獄の戦場
　ニューギニア・ビアク戦記　潮書房
改訂版世紀の自決　額田坦編　芙蓉書房

中将

中村　次喜蔵（東京）

Nakamura Jikizou

明治二十二年四月十八日　生
昭和二十年八月十八日　没（自決）　満州（琿春）　五十六歳
陸士二十四期
功四　功三

主要進級歴

大正元年十二月二十四日　少尉任官

昭和十三年三月一日　大佐

昭和十六年三月一日　少将

昭和十九年六月二十七日　中将

主要軍歴

明治四十五年五月二十八日　陸軍士官学校卒業

昭和十三年三月一日　大佐　陸軍予科士官学校学生隊長

昭和十四年八月一日　歩兵第一二四連隊長

昭和十五年十二月二日　奉天陸軍予備士官学校長

昭和十六年三月一日　少将

昭和十六年八月一日　久留米第一陸軍予備士官学校長

昭和十八年三月一日　独立混成第十九旅団長

昭和十九年六月二十七日　中将

昭和十九年七月十四日　第一一二師団長

昭和二十年八月十八日　自決

プロフィール

無天の将軍

中村は無天の将軍である。無天とは、陸大卒業者が卒業時に授与された陸大卒業徽章が、江戸時代の通貨天保銭にその形状が似ていたことから、陸大卒業者を天保銭（組）、そうでないものを無天（組）と俗称した。

天保銭組と無天組との人事上の差別は、極めて大きく、天保銭組が新幹線で出世街道をひた走るのに対し、無天組は鈍行列車であった。現在の官僚社会でいえば、キャリア組とノンキャリア組の扱いに同じである。

中村は、陸士を出て以来隊附勤務一筋で過ごし、省・部での華やかな勤務経験はない。野戦型の将軍である。ただし、予科士官学校学生隊長や予備士官学校校長等を務めており、教育畑の経験も豊富で、単なる野戦指揮官ではない。

昭和十三年三月、大佐進級とともに予科士官学校生徒隊長となる。予科士官学校は幼年学校卒業者、または中学四年以上終了者が入学し、正規将校としての基礎教育を行う過程である。平時の場合、予科二年、隊附五カ月、本科一年十カ月を経て少尉に任官する。

これに対して、中村が後に校長を務めた予備士官学校は、兵として入隊した者のうち中学以上（含む農学校、商業学校等）の学歴を有する者を幹部候補生として選定し、戦時の下級将校要員としての予備役将校を育成する為の学校であり、正規将校を養成するための士官学校とは異なる存在である。

陸軍士官学校は、市ヶ谷台（のち座間に移転）に一校（別途飛行将校養成のための航空士官学校があった）しかなかったが、予備士官学校は盛岡、仙台、前橋、豊橋（第一、第二）、久留米（第一、第二）、熊本の八校があり、また満州、中国、南方にも幹部候補生隊が設置され予備役将校の育成を行っていた。

中村は、予科士官学校で一年五カ月生徒教育を行ったあと、十四年八月、第一二四連隊長として第一線に出る。陸大を出ていない軍人にとって天皇から親授された連隊旗を奉ずる連隊長職は、最も軍人冥利に尽きるポストであった。

第一二四連隊は、支那事変勃発に伴い十二年九月に福岡で編成された部隊である。連隊は同時に新編成された十八師団に所属（のち第三十一師団に編入）し、直ちに中国に動員され、杭州湾上陸作戦、杭州作戦、バイアス湾上陸作戦等に活躍したが、中村の連隊長時代には南寧で中国軍の重囲に陥り苦戦中の第五師団（今村均師団長）の救援や、その後の翁英作戦、賓陽作戦等南支を転戦した。

連隊長職を一年四カ月務めたあと中村は、十五年十二月に新設された奉天予備士官学校長に転じる。同校は関東軍や支那派遣軍の予備役将校を養成するための補充学校であったが、十六年八月には廃止され、短い運命を終えている。中村は奉天予備士官学校長時代の十六年三月、少将に進級している。天保銭組のトップは、十三年七月に進級しており、中村が少将に進級した際には、中将に進級している。

中村の少将進級は、無天組の中ではトップに四カ月遅れの第二選抜組であった。

中村は、奉天予備士官学校の廃校にともない、十六年八月、久留米第一予備士官学校長に転じた。同校は歩兵・砲兵将校の養成を担当した学校である。ちなみに、久留米第二予備士官学校は全国でただ一つの輜重将校の養成学校であった。

十八年三月、中村に再び野戦指揮官のポストが巡ってくる、独立混成第十九旅団長への補職である。同旅団は、十五年十一月、広東省汕頭で編成されたが補充担任は久留米であり、中村にとっては土地勘のある部隊となったであろう。旅団は編成以来一貫して広東汕頭地区の治安警備に当たった。

十九年六月二十七日、中村は中将に進級した。陸大卒業者でも少将止まりで軍歴を終わった者も少なからずいる中で出色の進級である。中村の同期で無天の中将になったのは十五名いるが、中村はそのトップであった。

死の状況

自決

さらに中村は、十九年七月十四日、第一一二師団長に親補された。陸士同期の陸大卒業者でも師団長になれなかった者も少なくない中で、軍人としてこれにすぎる喜びはなかったであろう。同期の無天の中将進級者の中で師団長になった者は十名である。

第一一二師団は、十九年七月、満州で編成された新編の師団である。師団は関東軍の第九独立守備隊と、沖縄（宮古島）に転用された第二十八師団の残留者を中心に編成された。編成後師団は、東部ソ満国境を守備する第一方面軍の第三軍隷下にあって、ソ満国境第一線の最東南部、朝鮮国境近くに布陣した。

師団は二十年八月九日、突如ソ連軍の侵攻を受け、これと戦闘中の八月十五日、終戦の命令を受けたが、同師団は十七日までソ連軍と抗戦していたという。

八月十八日、方面軍命令により停戦に応じたあと、中村は自決したと伝えられているが、その理由や状況は不明である。戦史叢書にも一言も触れられていないし、師団の損害なども不明としか記されていない。

中村は、開戦責任を負う立場にもなかったし、命のままに戦った者で敗戦責任を問われる立場にもない。大日本帝国崩壊により、心のよりどころを失ったのであろうか。それとも無天で中将にまで進級し、師団長に親補させてもらった皇恩に対しての感謝とお詫びであったのであろうか。心の奥底は判らないが、ここでも責任を負うべき立場の者が多数生き残り、責任を負う立場にない者が死んでいる。

同期には、戦死者（鈴木宗作第三十五軍司令官、中薗盛孝第三飛行師団長、斎藤義次第四十三師団長、北条藤吉独混第五十四旅団長等）や刑死者（馬場正郎第三十七軍司令官、藤重正従歩兵第十七連隊長）はかなりいるが、終戦後自決したのは中村だけである。

参考文献

戦史叢書　支那事変陸軍作戦2、3
戦史叢書　関東軍2
別冊歴史読本　戦記シリーズ42　日本陸軍部隊総覧　新人物往来社
日本陸軍歩兵連隊　新人物往来社
図説帝国陸軍　太平洋戦争研究会　翔泳社
丸戦争と人物8　陸海軍学校と教育　潮書房

中将

納見　敏郎（広島）

Noumi Toshirou

（写真『秘録写真戦史　沖縄作戦』沖縄戦史刊行会　P91）

明治二十七年六月二十日　生
昭和二十年十二月十三日　没（自決|服毒）沖縄（宮古島）五十一歳
陸士二十七期（歩→憲）
陸大三十七期
功四

主要進級歴
大正四年十二月二十五日　少尉任官
昭和十二年十一月一日　大佐
昭和十五年十二月二日　少将
昭和十九年六月二十七日　中将

主要軍歴
大正四年五月二十五日　陸軍士官学校卒業
大正十四年十一月二十七日　陸軍大学校卒業
昭和十年八月一日　第十四師団参謀
昭和十一年十二月一日　教育総監部附
昭和十二年八月二日　教育総監部庶務課長
昭和十二年十一月一日　大佐
昭和十三年七月十五日　歩兵第四十一連隊長
昭和十五年八月一日　憲兵司令部本部長
昭和十五年十二月二日　少将　中支那派遣軍附
昭和十六年五月三十一日　中支那派遣憲兵隊長
昭和十七年八月一日　憲兵学校校長
昭和十九年一月十七日　台湾憲兵隊長
昭和十九年六月二十七日　中将
昭和二十年一月十二日　第二十八師団長
昭和二十年十二月十三日　没（自決）

プロフィール

歩兵のエリートから憲兵に

納見は、広島県尾道市出身、広島地方幼年学校から陸士、陸大に進み、軍のエリートコースに乗るが、途中歩兵科から憲兵科に転科する。

憲兵は軍の軍紀、風紀の監視、監督あるいは防諜の元締めとして強大な権力を持ち、一般将兵に恐れられたが、一面、実戦部隊ではないこと、憲兵将校は陸大に入れず、大将になれないこと、あるいはその職掌から憲兵は軍人にあらずとの評価もあり、敬遠されていた。そうした中で陸大卒の納見が憲兵に転科した理由はよくわからない。進級もトップクラスではなかったが、比較的順調で師団長、軍司令官の道も開けていたのに。転科の時期もかなり遅く、大佐時代末期、憲兵司令部本部長となった頃のようである。

納見は、陸軍省官房勤務が長かったが、十年八月、第十四師団参謀に転じた。当時師団は、衛戍地の宇都宮にあって戦地勤務は体験しなかった。

十一年十二月、教育総監部附となり、次の補職を待っていたが、十二年八月、教育総監部庶務課長に栄進した。未だ中佐であった。教育総監部は陸軍省や参謀本部に比較してなじみが薄いが、陸軍の教育を所管する中央官衙である。

教育総監は、陸軍大臣、参謀総長と並んで陸軍三長官と呼ばれ、陸軍主要人事は三長官の協議が必要とされていた。総監部には騎兵監部、砲兵監部、工兵監部、輜重兵監部がおかれ(後に騎兵監部は陸軍省機甲本部に吸収されたり、通信兵監部、新たに化兵監部や高射兵監部が設けられたり変遷がある)、それぞれの兵科の教育を担当した。陸軍士官学校、予備士官学校その他の学校を所管した。ただし、陸軍大学校は参謀本部の所管であり、航空士官学校や憲兵学校はそれぞれ航空総監部、憲兵司令部の所管となっていた。

連隊長

納見は、教育総監部庶務課長在任中の十二年十一月、大佐に進級し、十三年七月、第一線の歩兵第四十一連隊長に転出する。同連隊は第五師団に所属し、支那事変勃発後間もなく中国に動員され、当初は第二軍隷下で徐州会戦等に参加、活躍したが連隊も大きな損害を蒙った。納見が連隊長となってからは、師団は南支那担任の第二十一軍に転属となり、広東攻略作戦、蘇北平定作戦、南寧攻略作戦、賓陽作戦等多くの作戦に参加した。部下のある大隊が大高峰隘において中国軍の重囲に陥った際、納見は師団長に請い、自ら一個大隊を率いて救援に赴き、救出に成功したこともあった。なかなかの勇者であった。

憲兵転科

納見は連隊長を二年務め、十五年八月、憲兵司令部本部長に転じた。この頃憲兵科に転じたと見られる。本部長ポストは、本来少将ポストであるが、納見は大佐で就任し（教総庶務課長も大佐ポストであったが、納見は中佐で就任している）、その四カ月後の十五年十二月、少将に進級し、中支派遣軍附に転じた。本部長僅か四カ月であった。その後十六年五月、中支那派遣憲兵隊長、十七年八月、憲兵学校長、十九年一月、台湾憲兵隊司令官と憲兵畑を進む。

台湾憲兵隊司令官在職中の十九年六月、納見は中将に進級する。同期トップより八カ月遅れの第三選抜での進級であった。憲兵に転科したが、進級は順調であった。

師団長

二十年一月、第二十八師団長に親補される。陸士、陸大卒の軍人にとって天皇直属の師団長就任は最大の喜びであったが、憲兵転科で一度はあきらめた師団長ポストは、なにものにも勝る大きな喜びであったであろう。

第二十八師団は、十五年七月に満州の新京で編成された師団で、チチハルに司令部を置き、関東軍直轄部隊として満州防衛の任に当たっていたが、十九年六月、師団は沖縄防衛の第三十二軍の戦闘序列に入り、宮古島に進出を命じられた。この時期師団長は、二十四期の櫛淵鍹一中将であったが、二十年一月、櫛淵が中国（漢口）の第三十四軍司令官に栄転したため、その後任に納見が選ばれた。櫛淵も後に対ソ戦に備えて鮮満国境の咸興に布陣していて、終戦後ソ連に抑留され苦労した。

死の状況

自決

納見は宮古島のみならず、石垣島に布陣した独立混成第四十五旅団等の部隊も先島集団長として指揮していた。二十年四月一日、米軍が沖縄本島に上陸したが、五月三十日、大本営は三十二軍の崩壊を見越して、先島集団を台湾の第十方面軍の直轄に隷属を変更した。

宮古島や石垣島も、二十年三月から敵機動部隊の空襲や艦砲射撃を受けるようになったが、これは主として対独戦に勝利して手が空いたイギリス艦隊によるものであった。

米軍は、当初宮古島もB29基地として攻略の予定であったが、沖縄本島で充足されたため宮古島攻略は除外されたという。

このため、沖縄戦における宮古島、石垣島の状況については、戦記にも殆ど触れられていないが、沖縄近海の米艦艇に対する台湾からの特攻作戦の中継基地として、六月始めまで機能している。

宮古、石垣島等の先島諸島も空襲や艦砲射撃あるいは飢餓やマラリア等によって陸海併せて三千人以上が戦死（含む戦病死）している。また、マラリア猖獗地に強制的に避難を命じられた住民がマラリアに罹患し、三千八百人以上が死亡するという悲劇が生じている。

二十年八月十五日、日本はポツダム宣言を受諾して降伏し、納見は沖縄方面陸軍の最先任者（上級者）として、九月七日、嘉手納飛行場（中飛行場）において降伏文書に署名した。

降伏文書調印後、納見は再び宮古島に戻り、復員業務など終戦処理に当たっていたが、二十年十二月十三日、師団長官舎に於いて自決した。服毒という。この時期の自決はいささか意外の感がするが、同月一日、BC級戦犯の容疑者リストが発表され、その中に納見の名もあり、出頭を命じられた矢先のことであった。

容疑は、中支那憲兵隊長時代に反日ゲリラ容疑者二十数名を処刑したこと、および先島集団長時代に宮古島に不時着した米軍飛行士一名を処刑したことであったという。納見の死はこれらの責任を取ったのであろうか。それとも単に敵の縄目の辱めを受けることを厭ったのであろうか。遺書その他は不明である。

なお、同期には木下栄市憲兵学校長、（中将）、赤銅庄次北部憲兵隊司令官（少将）がいるが、同期で三名の憲兵科将官は珍しい。

参考文献

日本陸軍歩兵連隊　新人物往来社

別冊歴史読本　戦記シリーズ32　太平洋戦争師団戦史　新人物往来社

戦史叢書　支那事変陸軍作戦1、2

改訂版　世紀の自決　額田坦編　芙蓉書房出版

秘録写真戦史　沖縄作戦　沖縄戦史刊行会

日本憲兵正史　全国憲友会

中　将

中将

浜田　平（高知）

Harada Hitoshi

（写真『改訂版世紀の自決』P447）

明治二十八年一月十八日　生
昭和二十年八月十七日　没（自決―服毒）バンコク（タイ）五十歳
陸士二十八期（砲）
陸大三十七期
米駐在（留学）メキシコ駐在武官

主要進級歴

大正五年十二月二十六日　少尉任官
昭和十三年七月一五日　大佐
昭和十六年十月十五日　少将
昭和二十年三月一日　中将

主要軍歴

大正五年五月二十六日　陸軍士官学校卒業
大正十四年十一月二十七日　陸軍大学校卒業
昭和九年十二月十日　メキシコ駐在武官
昭和十二年十一月二十日　大本営報道部員
昭和十三年七月十五日　大佐　中支那派遣軍参謀部附
昭和十四年三月九日　北支那方面軍第二課長
昭和十五年十月六日　山砲兵第十六連隊長
昭和十六年十月十五日　少将
昭和十六年十一月六日　奉天特務機関長
昭和十八年三月十一日　俘虜情報局長官
昭和十九年十一月二十二日　泰国駐屯軍参謀長
昭和十九年十二月二十日　第三十九軍参謀長
昭和二十年三月一日　中将
昭和二十年七月八日　第三十九軍参謀副長
昭和二十年七月十四日　第十八方面軍参謀副長
昭和二十年八月十七日　自決

プロフィール

知米派将軍

浜田平は陸士、陸大を出てアメリカ留学を経験した知米派の将軍である。その経歴は参謀職が多く、野戦指揮官としての経験は少ない。また、省・部での勤務も少ない。

浜田は陸士卒業後、陸軍砲工学校（のち陸軍科学学校に改編）に入学し、普通科、高等科を卒業、その後、砲工学校教官をへて陸大に進む。陸大卒業後、アメリカに留学するなど砲兵将校として順調に昇進する。

昭和九年十二月、メキシコ駐在武官として約二年メキシコに滞在し、帰国後の十二年十一月、大本営陸軍報道部員となる。報道部は大正八年に設立された陸軍省新聞班が前身で、昭和十二年、支那事変勃発に伴い大本営が設置された際、大本営陸軍報道部となった。報道部は参謀総長の指揮下にあった。いわゆる「大本営発表」の所管部である。

浜田の報道部の勤務は短く、十三年七月、中支那派遣軍参謀部附に転じ、次いで十四年三月、北支那方面軍（参謀部）第二課長となる。第二課は情報担当で、浜田は報道部長も兼ねていた。この時期、北支那方面軍の基本的任務は占領地北支の治安維持であったが、中国共産党軍の浸透に手を焼いており、討伐に暇ない状況であった。十四年十一月に開催された方面軍の情報主任者会同で浜田は、第一線部隊長にたいし「作戦に当たって単に敵を壊滅させたり、遁走させたりするだけで満足することなく、捕虜の捕獲、文書の捕獲など情報の収集に努めるよう」指示している。

第二課長を一年半あまり務めたあと、十五年十月、浜田は山砲兵第十六連隊長に転出する。士官学校卒業後中隊長を務めて以来の実兵指揮官であった。しかし同連隊は第五十二師団所属で北陸にあってこの時期出征はしていない。

昭和十六年十月、少将に進級し、翌十一月、奉天特務機関長となる。進級は第三選抜組であった。

特務機関は、諜報・謀略の拠点として有名であるが、そもそもの成り立ちは、大正七年〜十一年にかけてのシベリア出兵の際、ハバロフスク、イルクーツク、ハルビン等各地に設けられたのが起源とされている。

奉天特務機関は、対支情報、謀略活動の重要拠点であった。歴代機関長の中には板垣征四郎大将、土肥原賢二大将などの大物もいる。浜田は奉天特務機関長を一年四カ月務め、十八年三月、俘虜情報局長官を命じられ、内地に帰還する。

俘虜情報局長官

俘虜情報局とは、余り聞き慣れない組織であるが、一九〇七年のハーグ「陸戦の法規慣例に関する条約」の付属書（規則第十四条）で、交戦国は相互に設置が義務づけられていた。その任務は獲得した捕虜の氏名、出身地等捕虜に関する情報を相手国に速やかに通知し、家族からの通信を受け付けることや、捕虜の異動、傷病、死亡等を記録しておくことが義務づけられていた。

このハーグ条約は、その後（一九二九年）のジュネーブ捕虜の待遇に関する条約に引き継がれたが、日本は、この条約に署名していたものの批准はしなかった。しかし、大東亜戦争開戦と共に、これを準用する事を表明、十六年十二月、勅令により情報局を設置した。組織は陸軍省の外局であったが、陸軍大臣の直接の監督を受けた。俘虜情報局長官は初代が上村幹男中将で、浜田が二代目、最後の三代目は同期の田村浩少将（のち中将）であった。浜田の前任の奉天特務機関長も同期の原田義和少将（のち中将）であった。その他同期には、第三十二軍参謀長として沖縄で戦死（自決）した長勇中将、終戦時、軍の反乱により殺害された森赳近衛師団長、最後の作戦部長を務めた宮崎周一中将等がいる。この期は二十名が戦争末期に師団長に親補されている。

浜田は俘虜情報局長官を一年八カ月務めたあと、泰国駐屯軍参謀長としてバンコクに赴任した。軍司令官は仏の軍司令官ともいわれ、戦後もタイ政府から高く評価された中村明人中将であった。浜田は俘虜情報局長官時代、南方出張の際駐屯軍に立ち寄り、中村軍司令官に泰緬鉄道建設工事に使用する捕虜の死亡率が異常に高いことを指摘し、これが戦後国際問題になることを心配して、捕虜の管理を現地指揮官から中村のもとに移したい。この旨南方総軍に依頼するのでその時はよろしくと頼んだという。しかし、浜田のこの提案は総軍幕僚の猛反対にあって実現しなかった。東京に戻った浜田は、その後も「捕虜問題は注意しないと大変なことになる」としきりに心配していたという。この浜田の懸念は的中し、戦後捕虜虐待や殺害でどれだけの戦犯が裁かれたであろうか。

十九年十一月、戦況の悪化に伴い駐屯軍は作戦軍に改編され第三十九軍となり、浜田は引き続き参謀長を務め、この間の二十年三月に中将に進級している。進級は、トップに五カ月遅れの第二選抜組であった。

二十年七月八日、第三十九軍参謀長に暴虐の将軍として有名な花谷正第五十五師団長が補職され、花谷が先任（二十六期）のため浜田は参謀副長に格下げとなった。これは、三十九軍の方面軍昇格を予定した（方面軍には参謀長と副長を置いた）もので、格下げではない。同月十四日、第三十九軍は第十八方面軍に昇格したが、花谷、浜田のコンビは変らなかった。軍司令官は泰国駐屯軍以来一貫して中村明人中将であった。三度軍司令官に、それも同一場所で親補された例は珍しい。

死の状況

自決

昭和二十年八月十五日、日本はポツダム宣言を受け入れ降伏したが、浜田は十七日、バンコクの宿舎において自決した。青酸カリによる服毒死という。前夜、中村方面軍司令官は隷下の兵団長を集めて最後の会食を行なったが、浜田は普段と変らない態度で列席し、宴終えて一人宿舎に帰ったという。

十七日早朝、浜田の遺体が発見されたが、遺書はなく、机上にいくつかの句が残されていた。その一つが「碁に負けて眺むる狭庭花もなくめくら判おいて閻魔と打ちにゆく」であった。悲壮感もなく、なにか飄々とした爽やかな感さえする異色の辞世である。

しかし、なぜ浜田が死を選んだのか理解し難い。浜田は開戦時少将になりたてで、奉天特務機関長を務めており、開戦責任を負う立場にもなく、また野戦指揮官としての経験も少なく、敗戦責任や多くの部下の死に責任を感じる立場にもなかった。ポツダム宣言には捕虜虐待などの戦犯処罰がうたわれていたが、この時期まだ戦犯指定の動きもなく、俘虜情報局長官としての経歴も、捕虜の待遇管理に責任を持っていたわけではない。前任の上村幹男、後任の田村浩も情報局長官としての責任は問われていない。

責任を感ずべき立場の者が多数生き残り、そうでない者が何人も自決しているが、浜田もその一人である。
なお、浜田の自決については九月十七日説もある（『改訂版 世紀の自決』他）が『陸海軍将官人事総覧　陸軍編　外山操編』他に従った。

参考文献

戦史叢書　北支の治安戦1
大本営報道部　平櫛　孝　図書出版社
改訂版　世紀の自決　額田坦編　芙蓉書房
丸別冊　戦争と人物20　軍司令官と師団長　潮書房
丸別冊　戦争と人物13　人物・太平洋戦争

中将

Hitomi Shuzou

人見　秀三（山形）

（写真『改訂版　世紀の自決』p445）

明治二十一年十月六日　生
昭和二十一年四月十三日　自決（服毒）台湾　五十七歳
陸士二十三期（歩）
功三級

主要進級歴

明治四十四年十二月二十六日　少尉任官
昭和十二年八月二日　大佐
昭和十四年八月一日　少将
昭和十八年六月十日　中将

主要軍歴

明治四十四年五月二十七日　陸軍士官学校卒業
昭和十二年八月二日　大佐
昭和十二年八月二十二日　上海派遣軍高級副官
昭和十二年十一月二十二日　歩兵第十九連隊長
昭和十四年八月一日　少将　留守第二師団司令部附
昭和十四年十二月一日　仙台陸軍教導学校校長
昭和十五年十二月十日　歩兵第百七旅団長
昭和十六年一月二十五日　歩兵第百三十二旅団長
昭和十七年十二月一日　陸軍歩兵学校附
昭和十八年三月一日　久留米第一予備士官学校校長
昭和十八年六月十日　中将
昭和十八年十月二十九日　歩兵第十二師団長
昭和二十一年四月十三日　自決　台湾

プロフィール

無天の将軍

人見は、陸士卒業のみで中将に進級した無天、いわばノンキャリの将軍である。無天とは、士官学校のみで陸大を卒業していない軍人をいう。その由来は、陸大卒業者が卒業時に陸大卒業徽章を授与され、それを胸に飾ったが、その徽章の形状が、江戸時代の通貨、天保銭に似ていたことから、陸大卒業者を天保銭（組）と呼んだのに対し、その徽章を持っていない非陸大卒業者を無天（組）

と呼んだ。

無天の人見は、省・部での華々しい勤務はなく、地味な教育畑や現場回りに終始して師団長にまで昇進した。進級も無天組の同期トップで進んでいる。教育畑では、仙台教導学校長や久留米第一予備士官学校長等を務めたが、歩兵学校には尉官時代から前後十年以上にわたって勤務し、実兵指揮には定評があり、六尺近い偉丈夫で甲高くよく通る美声の号令は天下一品といわれたという。

大佐に進級直後の昭和十二年八月、上海派遣軍高級副官として出征、朝香宮鳩彦王軍司令官の下、上海戦を戦った。戦ったといっても高級副官の業務は軍の事務の元締めであり、直接戦闘に従事した訳ではない。

十二年十一月、高級副官から第十九連隊長に転ずる。天皇の軍旗を奉ずる連隊長職は軍人として、特に無天の軍人にとってはあこがれのポストであった。第十九連隊は、派遣軍隷下の第九師団に所属しており、南京攻略戦に参加する。南京戦後も徐州作戦、武漢作戦等の大作戦に従事している。

学校長　旅団長　学校長

十四年八月、少将に進級し内地に帰還。仙台の留守第二師団司令部附となり、次の補職を待っていたが、同年十二月、仙台教導学校長に任じられた。教導学校とは歩兵、騎兵、砲兵科の現役下士官教育の為の学校で、仙台の他、熊本、豊橋に置かれていたが、後に陸軍予備士官学校に改組された。

十五年十二月、歩兵第百七旅団長に任じられるが、一カ月後の十六年一月には歩兵第百三十二旅団長に転じる。歩兵百三十二旅団も百七旅団も第百四師団所属で兄弟旅団である。一カ月で交替した理由はよくわからない。百四師団は、昭和十三年の編成後満州に駐屯していたが、のち中国戦線に投入され二十三軍に属し南支で戦っている。

人見は旅団長二年で、十七年十二月、歩兵学校附として帰還、三カ月後の十八年三月、久留米の第一予備士官学校校長に転じる。二度目の校長職である。

予備士官学校は、正規将校養成のための陸軍士官学校とは異なり、徴集された兵の中で中学校（含む農業学校、商業学校等）以上の学歴を有する者のうち、甲種幹部候補生試験に合格した者を教育して、予備役将校に任命し、戦時の小隊長など下級将校要員とする学校である。戦時中、下級将校が絶対的に不足し、盛岡、仙台、前橋、豊橋（第一、第二）、久留米（第一、第二）、熊本の八校で大量に養成された。

中学校以上の学歴を有する者で、甲種幹部候補生試験に合格せず、乙種幹部候補生試験に合格した者は、下士官となった。

師団長

人見は校長在任中の十八年六月、無天組同期のトップを切って中将に進級し、その四カ月後の十八年十月、第十二師団長に親補された。無天の将軍として喜びこれに過ぎるものはなかったであろう。無天の師団長クラス同期には、レイテ島で戦死した山県栗花生第二十六師団長、沖縄で戦死した藤岡武雄第六十二師団長、同じく沖縄で戦死した和田孝助第五砲兵司令官等がいる。グアム島で戦死した小畑英良第三十一軍司令官、戦犯死した岡田資第十三方面軍司令官等も同期であるが、彼等は天保銭組である。

第十二師団は明治三十一年、久留米で編成され日露戦争、シベリア出兵等の経験を有する歴戦の師団である。人見が師団長に就任した時期は関東軍に所属し、満州に駐屯していたが、十九年十一月、台湾移駐が命じられた。移駐途中輸送船が米機の攻撃を受け三隻が沈没するなどの大きな損害を受けた。台湾では新竹に司令部を置き、米軍上陸に備えていたが、上陸はなく比較的平穏なうちに八月十五日を迎えた。

死の状況

自決

台湾の第十方面軍（軍司令官安藤利吉大将）が、中国軍に降伏したのは二十年十月二十五日のことであった。日本軍最後の降伏であった。これは中国軍の台湾進駐が遅れたためであった。台湾の兵力は陸軍約十二万八千人、海軍六万二千人で、このほか約三十五万人の在留邦人がおり、二十一年一月から引き上げが始まり、五月には殆ど完了した。

一方、中国軍の戦犯追及も他地区に遅れて始まり、戦犯容疑者として安藤方面軍司令官以下兵団長は、二十一年四月十四日に出頭が命じられた。このため前日の十三日夕、安藤軍司令官以下別れの会食が行なわれることとなった。しかし人見は定刻になっても姿を現さず、呼びにいったところ、副官室で自決していたという。

遺書には「拳銃、安全装置ガ解ケヌタメ、已ムナク薬ニヨル。薬ハ自刃失敗ノ場合ヲ顧慮シテ用意シアリシモノナリ」としたためられていた。部下に対する遺書には「余ノ任務ハ完了セリ第十二師団万々歳　コノ身ハ師団五十年ノ光輝アル歴史ト共ニ消滅スルコトヲ悦フ。御皇室ノ弥栄ヲ祈ル。部下将兵ニ深ク感謝ス。」と記されていた（『改訂版 世紀の自決』）。

かねて覚悟の自決であったが、自決の原因は、人見も安藤軍司令官等と共に戦犯容疑で出頭が命じられており、戦犯として縄目の辱めを受けることを潔しとしなかったと見られている。その安藤も四月十九日、移送された上海の拘禁所において服毒自決した。容疑は撃墜された米英機搭乗員（捕虜）十三名の殺害や虐待容疑であった。このほか人見については、第九師団の連隊長時代南京攻略戦に参加しており、南京事件の容疑がかけられていた可能性もある。

参考文献

改訂版　世紀の自決　額田坦編　芙蓉書房
孤島の土となるとも 岩川隆　講談社
近代日本戦争史4　大東亜戦争　同台経済懇話会
戦史叢書　支那事変陸軍作戦3
別冊歴史読本戦記シリーズ32　太平洋戦争師団戦史
日本陸軍歩兵連隊　新人物往来社編
丸別冊　戦争と人物8　陸海軍学校と教育

中将

山田清一（岐阜）

Yamada Seiichi

（写真『改訂版 世紀の自決』p440）

明治二十六年十月二日　生
昭和二十年八月十五日　没（自決—拳銃）セラム島　五十一歳
陸士二十六期（砲）
陸大三十五期　恩賜
ドイツ駐在

主要進級歴

大正三年十二月二十五日　少尉任官
昭和十二年八月二日　大佐
昭和十四年八月一日　少将
昭和十八年六月十日　中将

主要軍歴

大正三年五月二十八日　陸軍士官学校卒業
大正十二年十一月二十九日　陸軍大学校卒業

昭和七年六月三十日　陸軍省整備局動員課高級課員
昭和十一年八月一日　陸軍野戦砲兵学校教導連隊長
昭和十二年八月二日 大佐　陸軍省整備局整備課長
昭和十四年八月一日　少将　陸軍省整備局長
昭和十七年四月二十四日　南方燃料廠長
昭和十八年六月十日　中将
昭和十九年三月一日　南方燃料本部長
昭和十九年十月二日　第五師団長
昭和二十年八月十五日　自決

プロフィール

異色の経歴

山田は、大阪幼年学校より陸士に進み、陸大を恩賜で卒業したエリート軍人である。陸士卒業後第二十野砲連隊に隊附した以外は、中隊長、大隊長、連隊長、旅団長等の野戦指揮官経験がなく、陸軍省を中心に勤務した異色の経歴を持っている。最後は第五師団長に親補されたが、実戦は経験していない。しかし、後に述べる病院船橘丸偽装事件の責任を取って、終戦時に自決した悲運の将軍である。

山田は、陸大卒業後、陸軍省軍務局に勤務し、昭和二年、ドイツに駐在する。四年十月帰国、軍務局軍事課に配属される。当時軍事課は政策、予算、外交、編成、資材、規則等の権限を有し、陸軍省の花形ポストであった。しかし、十一年八月、軍務課が新設され、国防政策、帝国議会との交渉等が軍務課に移された。

ついで七年六月、整備局動員課高級課員となる。整備局は大正十五年に設置されたが、大正半ばに第一次大戦の影響で将来の総力戦に対応するため設けられた作戦資材整備会議が前身である。山田の勤務時代は、統制課（のち整備課）、動員課（のち戦備課）の二課であったが、その後、資源課（のち燃料課）、交通課等が新設され、拡充された。

動員課は総動員、軍動員にかかる企画立案を担当していた。高級課員は課内とりまとめ、対外折衝を担当する重要ポストであった。

十一年八月、山田は四年勤めた動員課を離れ、野戦砲兵学校教導連隊長に転出する。中佐時代である。教導連隊とは野砲兵学校に学ぶ将校、下士官を実戦に即応して連隊組織としたもので、実戦部隊ではなく教育機関である。

整備局長

十二年八月、大佐に進級し再び古巣の整備局に戻り、整備課長に就任する。整備課は軍および軍需品の動員を所管した。整備課長を二年務めた後、十四年八月同期の第一陣で少将に進級する。その後一月余り兵器本廠附を命じられるが、翌九月整備局長に昇進する。山田は整備局長を二年半余り務める。この間、大東亜戦争が始まる。日本の乏しい国力の実態を知る立場にあった山田はどのような想いで開戦を迎えたのであろうか。

山田は大本営・政府連絡会議にも出席して意見を述べているが、伝えられている意見は実務的な油の需給見通し等である。十六年十月二十七日の連絡会議では「陸軍の航空揮発油は十一月開戦の場合は三十カ月、明年三月開戦の場合は二十一カ月でストックは零となる。爾後は専ら南方取得のものに依存しなければならぬ。したがってその間十五カ月位は所要量を満たし得ない期間を生ずる。現状維持の場合、飛行機燃料は三十四カ月、自動車燃料は十八年十二月で全くなくなる」と答えたことが記録されている。開戦に賛成であったのであろうか。反対であったのであろうか。

日本軍の高級将校（特に陸大卒）の任期は、極めて短く一年前後で次々と転任する例が多いが、山田の一カ所の勤務は四年に及ぶものもあり、当時の例からすると異例に長い。

同期には、硫黄島で戦死した栗林忠道第百九師団長、レイテで戦死した牧野第十六師団長、沖縄で戦死した雨宮巽第二十四師団長、インパールで解任された柳田元三第三十三師団長、戦後熱烈に日中友好を説き、赤い将軍と呼ばれた遠藤三郎航空兵器総局長官等がいるが、いずれも大佐以降の補職は概ね十前後を数えるが、山田は僅かに六つしか経験していない。

南方燃料廠長

十七年四月、山田は南方燃料廠長に転じた。大東亜戦争は、石油のために始まったといっても過言ではないが、陸軍の燃料対策は、海軍に比べて大きく立ち後れていた。一元的な企画、管理、研究、開発体制もなかった。このため陸軍は十四年一月、燃料行政の企画部門として整備局に資源課（開戦後燃料課に改称）を設置し、その実行部門として燃料の研究、開発、製造、貯蔵管理部署として陸軍燃料廠を同年七月設立した。ただし、まだこの時は仮称で、燃料廠の正式発足は翌十五年八月である。燃料廠は陸軍大臣の直属組織とされた。

大東亜戦争開戦後、南方作戦は順調に進展し、十七年前半には南方資源地帯を占領、ボルネオ、スマトラ、ジャワの油田や製油所等を占領した。当初、占領した油田や製油所などは、各軍が入り乱れて管理に手を出し、混乱したため、統一的な管理の必要性が認識され、内地の陸軍燃料廠にあわせ、南方燃料廠が設立された。十七年四月、山田が初代廠長に任命された。

日本は石油確保のため開戦を決意し、南方作戦が実行されたが、その石油を誰がどう管理し、生産するかということは事前に検討されていなかったという。日本軍伝統の作戦第一主義で、作戦以外のことは泥縄主義であった。

南方燃料廠は、南方総軍の監督下にあって、本部に総務部、輸送部、経理部、地質部、鉱業部、製油部が置かれ、北スマトラ、南スマトラ、ボルネオ、ジャワ、ビルマに支廠が、シンガポールに製油所が置かれた。本部はシンガポールにあった。

パレンバンに置かれた最大規模の南スマトラ支廠には最盛期、日本人が約三千人、現地人が二万人以上いたといわれており（『陸軍燃料廠』石井政則）、南方燃料廠全体では、日本人も五千人を超え、現地人労務者あわせて五～六万人に及ぶ大組織であった。

占領した油田や製油所などの復旧も順調に進み、昭和十八年には原油の生産量は、四千九百六十万バレルに達し、このうち一四五〇万バレルが日本に還送された。国内消費量の七十%を賄ったといわれる（前掲『陸軍燃料廠』）。これで石油の心配はないと、第一船が日本に到着したとき国中が涌いたが、十八年の実績がピークであった。

十九年になると、生産量も落ちたが、生産量の僅か十三%（四百九十八万バレル）しか日本に到着しなかったという。殆どは輸送途上海に飲み込まれていった。海上輸送路が米軍機や潜水艦でずたずたにされ、油は豊富にあっても日本に輸送出来なくなったからである。日本軍伝統の攻勢至上主義、艦隊決戦主義による補給軽視、海上護衛軽視のつけがはっきりと現われた。

昭和十九年三月、南方燃料廠は南方燃料本部と名称が変えられ、山田は本部長となった。内地の陸軍燃料廠が燃料本部と名称が代わったことに伴う変更であった。実態は何一つ変らなかった。しかし、内地では南方原油の還送が途絶え始めたため、国内石油資源の再開発と代替石油（松根油）の生産に血眼となり始めた。また、南方では次々と生産される原油はむなしく海に垂れ流されていた。

南方燃料廠長、本部長として二年半を過ごした山田の事績を伝える資料は殆どないが、十七年九月、内地に出張した際、天皇に南方石油状況を報告したことが記録されている

死の状況

第五師団長

昭和十九年十月、山田は第五師団長に親補された。南方燃料廠長（本部長）を既に二年半務めていた。

またこの間の十八年六月に中将に進級していた。これまで連隊長も、旅団長の経験もなく、軍人官僚としての道を歩いてきた山田にとっては、中隊長以来の野戦指揮官となって、武人の本懐として武者震いする思いがあったのではなかろうか。

第五師団は明治二十一年五月、第一師団〜第六師団とともに日本軍最初の師団として編成された。広島鎮台が母体であった。その戦歴も日清戦争、日露戦争、シベリア出兵、支那事変と殆どの戦争に動員されている。大東亜戦争開戦時、第二十五軍（司令官 山下奉文中将）の隷下にあってマレー、シンガポール攻略戦で活躍した。

南方作戦の終了後、軍容刷新計画により第五師団は、十七年八月、内地への復員が内示されその準備に追われていたが、突如帰還命令は取り消された。ガダルカナル、ニューギニア方面の戦況悪化に対応するものである。第五師団主力は、十八年十二月編成の第十九軍の戦闘序列に編入されたが、それより先、師団の第四十一連隊はニューギニアのブナに派遣され、工兵連隊も歩兵二個大隊とともにラバウルの第八方面軍隷下に編入されている。

第十九軍は、ニューギニア西部とセレベス島、ボルネオ島を結ぶいわゆる豪北地区防衛を任務としており、第五、第四十六、第四十八の三個師団を基幹としていた。第五師団は、バンダ海やアラフラ海に浮かぶアル諸島、カイ諸島、タニンバル諸島などの島嶼に分散配備された。師団司令部はニューギニア本土の西北岸のバボ（のちセラム島）に置かれた。

しかし、第十九軍方面には米豪軍は進攻せず、ニューギニア北岸（太平洋側）から、進攻ルートを比島に向けた。このため第十九軍は実質的に遊兵化してしまった。また、展開したこれら小諸島への補給も殆ど途絶え、厳しい飢餓状態に置かれた。第二のガダルカナル化を恐れた師団将兵の間からは、このまま座死するよりはと豪州進攻を待望する声さえ出たという。

偽装病院船橘丸事件

昭和二十年六月、第五師団の上部軍である第二軍（当初十九軍隷下にあったが、十九軍が復員したため二軍隷下に移った）司令官豊島房太郎中将から、「光輸送」命令が下達された。遊兵化した師団から、兵員をシンガポール防衛強化のため同地に輸送する計画であった。

こうした輸送は、既に一月から始まっており、各連隊から一個大隊が抽出され、大発で夜間細々とシンガポール方面へ転進していったが、南方総軍はさらなる抽出を命じたのである。この頃、海上交通路は完全に米軍の制空権下、制海権下にあったため、敵地航行が保証された病院船を利用して輸送しようとした。この命令は第二軍が独自に出したものではなく南方総軍の命令によるものであった。

八月一日、橘丸は第十一連隊の第一大隊、第二大隊の将兵千五百人余りと、武器弾薬を満載してケイズラ島を出航した。乗船に当たり全員の所属部隊を異にした患者名簿や各人の病床日誌が偽造され、白衣を着て乗船した。武器弾薬なども梱包して赤十字マークが付けられた。

第十一連隊の佐々木五三連隊長は、のちに飛行機で軍旗とともに移動するが、命令を受けたとき師団の浜島巌郎参謀長（事件発覚の直後自決）に「武器弾薬に赤十字標識などを付けるのは正当か」と問い質したのに対し、浜島は師団長命令であるからどうにもならないと答えたと記録されている。

佐々木は佐々木で、部下の第一大隊長から同じ質問をされている（『偽装病院船事件』御田重宝）。国際法の知識に乏しかった日本軍でも病院船を兵員や武器弾薬の輸送に使うことが違法であることは認識していた。

橘丸は、元東京と伊豆七島を結ぶ総トン数千七百トン余りの貨客船で、乗客定員は六百名であったという。この橘丸は支那事変で徴用され、揚子江で輸送任務中、中国軍機の爆撃を受け沈没したが、引き上げられ一旦解傭されたが、大東亜戦争で再び徴用されて輸送船として使われていた。十八年からは、病院船として南方からの傷病者の輸送に当たっていた。またこの橘丸は十八年十一月に開催された大東亜会議に出席するチャンドラ・ボースを乗せてきたという。

発覚

出航から三日目の八月三日早朝、橘丸は、国籍不明の軍艦二隻から追跡を受けているのに気づき様子をうかがっていたが、間もなく軍艦は米駆逐艦と判明、停船命令を受けた。駆逐艦は前夜からつけていたという。橘丸では自沈も検討されたが、ばれないかも知れないとの希望的観測から停船し、米軍の臨検を受けた。橘丸は前月にも第四十八師団将兵をチモール島からスラバヤに輸送し、その際米軍機に発見されたが、上空を二、三度飛行して飛び去った事もあり、運を天に任せて停船命令に応じたという。

しかし、船内捜索の結果、大量の武器弾薬が発見され、船はモロタイ島に連行され、全員捕虜となった。

日本軍は、橘丸拿捕の事実を八月五日、豪州放送で知った。このことを関係先に報告した第五師団の浜島参謀長は翌日自決した。遺書は残されていないという。

一方この報告を受けた寺内寿一南方軍総司令官は激怒して「爆撃機をだして船もろとも撃沈せよ」と命じたという。皇軍の恥であるから証拠をなくしてしまえというのである。

病院船で兵員や武器弾薬を密かに輸送すること自体が皇軍の恥であるが、その証拠隠滅をはかることは、恥の上塗りになるとは思わなかったらしい。今も昔も変らぬ臭いものに蓋をする日本的な発想である。結局寺内の命令は橘丸の行方も分からず、既に爆撃機もなかったため沙汰やみとなった。

自決

二十年八月十五日、日本は降伏した。この日、山田師団長の姿が見えないので部下が探したところ、司令部の裏山にある防空壕の中で拳銃で額を撃ちぬいて自決していた。山田も遺書はなかったという。

責任転嫁

橘丸事件について、後味の悪い後日談がある。この事件は、戦後ＢＣ級戦犯裁判として米軍の横浜法廷で裁かれた。その法廷で山田の直属上司であった元第二軍司令官豊島房太郎中将は、この事件について対外的には第五師団が、対内的には南方軍が負うべきものであると述べた。趣旨は分かりづらいが、対外的＝国際的には第五師団に責任があり、対内＝国内的には南方軍が責任を負うというものであった。このため南方軍は、大本営に対して指導不行き届きとして謝罪しているが、国際法違反については第五師団が勝手にやったということにされた。この対内責任、対外責任論は豊島中将の発意によるもので南方軍も喜んで同意したと伝えられている。

豊島中将は、その理由を戦犯裁判の中で「このような国際法規に反する行為があったことは陸軍の不名誉であるから、これが日本上級司令部で行なわれたことはさらに一層不名誉であるから、下級司令部で行なわれたようにする事が国軍のためによかるべしと考えた。師団長が、この事件の責任を取って自決されたことに対し、師団長の自決したことを有意義ならしめ、武士道的に考えて師団長にこの責任を負ってもらうことが武士の情けである。師団長は喜んで負うてくれるであろうと考えた」と述べている（前掲『偽装病院船事件』）。

こうした処理方針は、終戦直後から戦犯対策として検討されており、第五師団にも本件は、第五師団の独断処理とする方針が伝えられた。これに対し第五師団は後任の参謀長名で第二軍参謀長宛「広瀬丸（橘丸の秘匿名）事件を師団の独断とすることは承認しがたし。師団長、参謀長の自決は事件責任とは直接関係なく、戦列部隊の将兵を無抵抗裡に敵手に委したる道義的責任を取られたるものなり。拿捕船舶の乗員につき調査せば、かかる輸送は第一線師団の処置にあらざる事は自ずから判明すべきにつき、真相を明らかにするよう処理せられたし。全く輸送の経緯を知らざる師団より関係者を出すに忍びず」と抗議している。

これに対して、第二軍は「既に協議決定したものなるに付承知せられたし。なお幕僚等には何らの責任なきものなるに付念のため」と回答している。死人に口なしの山田師団長と浜島参謀長にすべてを押しつけようとしたのである。

ところが、当初第二軍でこの件の処理を検討した際、南方軍に責任を負わせるに忍びない、第二軍（豊島軍司令官）が負うべきであるとの結論が出て、豊島も一度は了承したとの当時の第二軍参謀の証言があるが、その後豊島は第二軍は南方軍の命令を師団に伝えただけであると責任を回避し、多くの批判をうけている。その対応は法廷においても直属部下の第二軍参謀からも批判されている。また、病院船橘丸での輸送を命じた南方軍の沼田多稼蔵総参謀長も豊島と口裏を合わせ、本件は第五師団が勝手にやったことと偽証している。

橘丸事件の判決は、昭和二十三年四月十三日に下された。その結果は、以下の通りであった。

・重労働七年　沼田多稼蔵（中将　南方軍総参謀長）

・重労働六年　和知鷹二（中将　南方軍総参謀副長兼南方交通隊司令官）

・重労働三年　豊島房太郎（中将　第二軍司令官）

・重労働一年半　安川正清（少佐　第十一連隊第一大隊長）

豊島も責任は免れなかった。第五師団の安川少佐は橘丸の輸送指揮官として乗船していて責任を問われたものである。南方軍総司令官寺内寿一大将は既に死亡していた。

戦後書かれた額田坦中将の『陸軍省人事局長の回想』で額田は「橘丸事件とは、船舶不足のためやむなく一時、少数兵力の移動のため空いている病院船橘丸を利用して発覚した事件であった。師団内にこの議が起きると師団長は、事の重大性に鑑み上司に認可を乞うた。結局寺内総司令官は『勝敗に拘わらず、すべて正々堂々と戦わねばならぬ。国際公法に傷病兵以外は搭乗させることはならぬ』

と断を下された。もとより師団長はこれに従ったが、背に腹は替えられず、浜島参謀長は独断でこれを決行し、運悪く発覚したので直ちに参謀長は引責自決して罪を謝した。師団長が終戦の日まで隠忍自重されていたご心中も、お察しするに余りある」と書いて、すべての責任を浜島参謀長（大佐）に押しつけているが、全くの嘘である。戦史を読む場合、高級将校のかばい合いのため悪質なねつ造が行なわれている例が少なくなく、注意が必要である。

なお、山田については影の部分がある。山田の師団長就任直後の十九年十月下旬から十一月にかけて、第五師団の第四十二連隊管轄のババル島（タニンバル諸島から西へ約百二十キロ）において原住民約四百人が婦女子を含めて虐殺された事件が起きている。

ババル島には、陸軍一個小隊と海軍の小部隊が駐屯していたが、海軍軍属と原住民の間にいざこざがあり、その処理を巡って原住民が憤激し、弓矢や蛮刀を以て日本軍を襲撃し、日本軍に死傷者が出たため、増援部隊を送り込んで討伐し、首謀者のみならず、部落民全体を殺害した事件である。

この事件は山田の後任師団長（代理）の小堀金城少将が終戦間もなく得た報告書で明らかにされているが、この件は、海軍側山県正郷第四南遣艦隊司令長官及び山田第五師団長の断固粛正せよとの命令に基づき実行されたと報告書に記載されているという（『歴史と人物』61年冬号　日本陸海軍の戦歴―発掘されたババル島残虐事件）。

この事件が起きたことは間違いなさそうであるが、不思議なことに戦犯裁判の対象になった形跡がない。終戦時山県司令長官も山田師団長も死亡していたせいであろうか。それとも白人が被害者ではなく、殺されたのは原住民だけだったからであろうか。

山田の死は、橘丸事件で部下将兵を捕虜にしてしまったことに責任をとったものであると、第五師団関係者は主張しているが、そのほか島民虐殺事件の責任も含まれている可能性もある。

参考文献

戦史叢書　大本営陸軍部　大東亜戦争開戦経緯5
戦史叢書　陸軍軍需動員
戦史叢書　豪北方面陸軍作戦
陸軍燃料廠　石井政紀　光人社NF文庫
偽装病院船事件　御田重宝　徳間書店
丸別冊　太平洋戦争証言シリーズ3
　静かなる戦場「病院船橘丸拿捕事件の顛末　白井文夫」
改訂版　世紀の自決　額田坦編　芙蓉書房
陸軍省人事局長の回想　額田坦　芙蓉書房
別冊歴史読本　戦記シリーズ32 太平洋　戦争全師団戦史
歴史と人物61冬号　日本陸海軍の戦歴
「発掘されたババル島残虐事件　武富登巳男」

軍医中将

小泉　親彦（福井）

Koizumi Tikahiko

写真『歴史と旅　帝国陸軍将軍総覧』秋田書店
p621　陸軍軍医学校五十年史）

明治十七年九月九日　生
昭和二十年九月十三日　没（自決—服毒）　東京　六十一歳
明治四十一年七月　東京帝国大学医学部卒
医学博士

主要進級歴

大正十三年八月二十日　一等軍医正（大佐相当）
昭和五年三月六日　軍医監（少将相当）
昭和九年三月五日　軍医総監（中将相当）
昭和十二年二月十五日　軍医中将

主要軍歴

大正三年六月二十六日　軍医学校教官兼陸大教官兼科学研究所員
大正十三年八月二十日　一等軍医正
昭和五年三月六日　軍医監
昭和七年四月十一日　近衛師団軍医部長兼軍医学校教官（化学兵器研究室長）
昭和八年八月一日　軍医学校校長
昭和九年三月五日　軍医総監　陸軍省医務局長
昭和十二年二月十五日　軍医中将
昭和十二年十一月二十日　兼大本営野戦衛生長官
昭和十三年十二月十日　予備役編入
昭和十六年七月十八日　厚生大臣
昭和十九年七月二十二日　大臣辞任　貴族院議員
昭和二十年九月十三日　自決

プロフィール

軍医の重鎮

小泉は、東京帝国大学医学部を明治四十一年に卒業、直ちに陸軍に入り見習医官となって以来、昭和十三年に現役を去るまで三十年にわたって軍に奉職、陸軍省医務局長を務め、軍医中将にまで累進、予備役になってからも厚生大臣、貴族院議員として活躍した軍医界の重鎮である。

陸軍には、歩兵、騎兵、砲兵、工兵、輜重兵等の兵科とは別に、各部と呼ばれた専門集団があった。即ち衛生部、獣医部、経理部、技術部、法務部、軍楽部である。これらの部門は指揮権や礼遇等において兵科とは厳然と区別され、兵科に於ける階級とは別呼称で、将校も各部将校相当官と呼ばれていた。将校相当という意味で正式の将校ではなかった。

衛生部の場合、軍医と薬剤の二科があり（昭和十五年に歯科が追加された）、軍医は軍医総監（中将相当）、軍医監（少将相当）、一等軍医正（大佐相当）、二等軍医正（中佐相当）、三等軍医正（少佐相当）、一等軍医（大尉相当）、二等軍医（中尉相当）、三等軍医（少尉相当）と呼ばれた（薬剤科は薬剤をつけて呼ぶ）。文豪の森鴎外（本名森林太郎）は軍医総監となったが、総監は職名ではなく階級である。したがって総監は複数いた。

こうした処遇について各部の不満は大きく（海軍は大正八年から同一呼称になっていた）、昭和十一年に官制が改められ、兵科将校と同様に将校（海軍は階級呼称は統一されていたが将校相当官の位置づけは変らなかった）とされた。呼称も改められたが、軍医中将、軍医大佐、軍医大尉等と呼ばれた。

各部のうち技術部は昭和十五年に制定され、法務部は十七年と最後になった。各部には大将はなく、中将が最高位であった。ただし、軍楽部は少佐迄しかなかった。

各部の中でも軍医は、職掌柄その地位は比較的高く、日清、日露戦争等では軍医や主計も金鵄勲章を多数授与されている（森鴎外は功四級と三級を授与されている）が、満州事変以降はその例が殆どない。終戦時の軍医将官（現役）で金鵄勲章保持者は、細菌戦の研究で有名な石井四郎軍医中将（功三級）他一名しかいない。小泉も持っていなかった。

小泉は大正三年六月、軍医学校教官兼陸大教官兼科学研究所員を命じられる。一等軍医（大尉相当）時代である。教官時代に三等軍医正（少佐相当）、二等軍医正（中佐相当）、一等軍医正（大佐相当）、昭和五年に軍医監（少将相当）と順調に累進する。

昭和七年四月、近衛師団軍医部長として転出するが、師団軍医部長時代も軍医学校との縁は切れず、教官兼化学兵器研究室長を務めている。この化学兵器研究室は、第一次大戦での毒ガス使用に鑑み、かって小泉の主唱で設置されたものであるという。小泉は極めて男性的な性格で、実行力に富んでいたという評（『陸軍省人事局長の回想』額田坦）が残されている。

軍医学校長　医務局長　軍医中将

昭和八年八月、小泉は軍医学校長に就任する。小泉の軍医学校の教官歴は二十年の長きに及び、その間、二度欧米に出張（約三年）し、医学博士号も取得（大正十年）している。小泉が軍医界で重きを置いたのは、この二十年の教官生活で軍医の多くが小泉の教え子となった事にもよる。

昭和九年三月、陸軍省医務局長に栄転する。軍医として最高ポストである。別称軍医団長とも呼ばれていた。近衛師団軍医部長、軍医学校長、医務局長は文豪森鷗外がたどったコースでもある。

昭和十二年二月、各部将校の階級が兵科の階級にそろえられ、小泉は軍医中将となった。この時中将に任じられたのは小泉一人である。翌三月、のちに小泉の後任医務局長となる三木良英が中将となった。

十二年十一月、支那事変の拡大に対応するため大本営が設置され、医務局長の小泉は野戦衛生長官を兼務することとなった。大本営には陸軍部と海軍部が並立し、陸軍部には参謀部と兵站総監部があった。野戦衛生長官（部）は兵站総監部に属し、陸軍省経理局長が兼ねる野戦経理長官（部）や、参謀本部第三部長が兼ねる運輸通信長官（部）等が置かれていた。これらは平時の所管業務を戦地に対応させるためのものである。

翌十三年十二月、小泉は予備役に編入された。医務局長となって四年九カ月たっており、必ずしも短い在任期間ではないが、歴代医務局長は少なくとも五年〜六年は務めており（森鴎外は八年以上務めた）、多少早い感は否めない。年もまだ五十四歳であった。

この少し早い予備役編入は、昭和十三年に設立された厚生省の大臣人事とも関連しているという。陸軍は小泉を厚生大臣に推薦し、現役を去らせたというのである。

また、小泉は軍医学校長時代から「見識高く面会も容易でなく、局長になってからはますます鼻息荒く内外のもてあましものとされていた」とまで酷評（前掲『陸軍省人事局長の回想』）されているのでこうしたことも一因となっているのかもしれない。

厚生省設立　厚生大臣　貴族院議員

戦前の社会、労働、衛生等国民の福利、福祉に関する行政は、内務省衛生局や内務省の外局である社会局が担っていたが、昭和初年からの経済不況による農村疲弊や、都市失業者の増大等で国民の体位や健康が劣化し、徴兵検査でそうした状況を目にしていた陸軍は、強兵確保の観点から強い危機感を持っていた。小泉は、徴兵検査結果による青年の体位低下を明らかにし、警鐘を鳴らして、十二年にこの対策としての衛生省設立構想を提案した。小泉の衛生省案は、衛生面ばかりではなく社会、労働、保険部局も含んでいたという。軍もこれを強く支持し、内閣は、人的資源の維持強化、国民生活の安定を目的とする保険社会省の設立を決定した。ただし、この内閣案の保険社会省という名称について貴族院から社会という語は社会主義を連想させるとのクレームが付き、中国古典からとった厚生省と名前を変更して設立されたという。陸軍は小泉を初代厚生大臣に推したが、初代は、当時近衛内閣（第一次）の内務大臣を務めていた木戸幸一が任命（兼務）された。

小泉は軍を去った後、三年近く野にあったが、十六年七月の第二次近衛内閣において漸く厚生大臣となった。近衛内閣後の東條内閣においても引き続き厚生大臣を務め、十九年七月、マリアナ諸島失陥にともなう東條の挂冠と共に辞任した。辞任と同時に勅選による貴族院議員に選任され、終戦に至った。

明治憲法下の帝国議会は、貴族院と衆議院の二院制をとっていた。衆議院議員は普通選挙により選ばれたが、貴族院議員は門地による就任や（皇族、公爵、侯爵は一定年齢になると自動的に終身議員となった）、華族間の互選（伯爵・子爵・男爵、）によるもの、勅選議員として内閣の輔弼により天皇から任命される議員があり、勅選議員の中にも勲功学識議員として三十歳以上の勲功、学識者から勅任される終身議員および任期七年の帝国学士院互選議員や多額納税者間で互選される任期七年の議員がいた。小泉は勲功学識議員として選ばれた。

死の状況

自決

小泉は終戦間もない二十年九月十三日、自宅で青酸カリを服毒して自決した。大東亜戦争開戦に責任を感じての自決と伝えられている。しかし、大東亜戦争の開戦や敗戦に小泉がどんな責任を負っていたのであろうか。

大東亜戦争の開戦については、統帥権独立の下、軍部が終始イニシアティブをとっていた。これに政府が関与する場として大本営・政府連絡会議や御前会議があったが、御前会議は連絡会議の追認機関であり、天皇の権威を借りるための機関であった。閣内で連絡会議に常時出席していたのは首相、外務大臣、陸軍大臣、海軍大臣及び企画院総裁（国務大臣）に限られていた。また開戦についての国策決定の最終プロセスである御前会議は、十六年中に都合四回開かれたが、小泉が出席したのは最後の十二月一日の一回限りであった。

この日の御前会議には、全閣僚と陸軍の参謀総長、同次長、海軍の軍令部総長、同次長、枢密院議長、及び内閣書記官長と陸海軍省軍務局長が出席し、全員一致で開戦に賛成の旨天皇に奏上し、約二時間で会議を終わっている。

発言したのは、東條首相、東郷外務大臣、永野軍令部総長、東條内務大臣（兼摂）、井野農林大臣のみで、それぞれ原稿を読み上げた。質問は原枢密院議長が行なったが、すべて事前に調整済のものであった。

小泉を始め多くの閣僚は、殆どが初耳に近いものばかりでなかったろうか。外務大臣ですら開戦の日を知らされたのは、十一月二十九日の連絡会議の席上「開戦日を知らなければ外交交渉が出来ない」と食い下がってやっと教えられたという始末であった。もちろん東郷は、真珠湾を攻撃するなど知らされなかった。他の閣僚は、それ以上に蚊帳の外に置かれていた。全閣僚が開戦について関与したのは、この日の御前会議と十二月八日の閣議において開戦詔書に署名した時に限られる。この詔書の文案も大本営政府連絡会議で決定済であった。

こうした立場にしかなかった小泉が、開戦に責任を感じなければならなかったとは、今日では理解しがたいものがある。この鋭敏な責任感はどこから来たものであろうか。責任を感じなければならない者は、他に大勢いたが。

参考文献

事典　昭和戦前期の日本　制度と実態　百瀬孝　吉川弘文館
丸別冊　戦争と人物8　陸海軍学校と教育「陸軍軍医学校　関亮」
戦史叢書　大本営陸軍部大東亜戦争開戦経緯5
杉山メモ上　原書房
陸軍省人事局長の回想　額田坦　芙蓉書房

法務中将

島田　朋三郎（徳島）

Shimada Tomosaburou

（写真『改訂版　世紀の自決』ｐ４２９）

明治十五年三月十二日　生
昭和二十年九月四日　没（自決―拳銃）　東京　六十三歳
東京帝国大学法学部卒

主要進級歴

昭和十七年四月一日　少将
昭和十九年三月一日　中将

主要軍歴

昭和十三年七月十五日　第四軍法務部長
昭和十四年九月十二日　支那派遣軍法務部長
昭和十五年十二月二日　東部軍法務部長
昭和十七年四月一日　少将
昭和十九年三月一日　中将
昭和二十年一月二十九日　東部軍法務部長兼
　第十二方面軍法務部長
昭和二十年四月七日　第一総軍法務部長
昭和二十年九月四日　自決

プロフィール

法務官の重鎮

法務中将とは聞き慣れない階級であろう。

軍法会議の判事や検事を勤めていた法務官は、長く文官で軍属の扱いであったが、昭和十七年四月、これら法務官も武官に組み入れられた。法務官は、大学法学部をでて高等試験（いわゆる高文）の司法科試験合格者のうち軍法務官を希望する者を採用し、任用した。十七年四月以降、武官として法務少尉から始まり、法務中将が最高位であった。島田は最先任の法務中将であった。

陸軍には、歩兵、騎兵、砲兵、工兵、輜重兵等の兵科の他、各部と呼ばれる経理部、衛生部、獣医部等の部門があったが、法務部もその各部に入る。これら各部の将校は、長く将校相当官として扱われ、兵科将校とは区別（差別）され、その階級も例えば経理部門では、主計総監（中将相当）、主計監（少将相当）、一等主計正（大佐相当）、一等主計（大尉相当）等と呼ばれていた。兵科将校とは礼式や指揮権などで差別があり、各部の不満が高かった。このため昭和十二年から各部将校と呼称されるように改正され、正規の将校扱いにされたが、呼び方は階級の上にそれぞれ主計中将、軍医少将、薬剤大佐、獣医大尉等と呼び、権限や待遇等の実態はあまり変らなかったという。

各部のうち技術部、は昭和十五年に設けられ、法務部は、十七年の設置で最も歴史が新しい。したがって、島田の武官としての軍歴は、十七年に法務少将から始まっているが、軍の法務関係を所管する業務は、明治二十一年に陸軍省法官部が設置され、初代部長は桂太郎、三代目に児玉源太郎が就任するなど、初期には大物が就任している。この法官部は、明治三十三年に法務局に改正され終戦まで続いた。

軍法会議

島田は東京帝国大学法学部を出て、陸軍法務部に入り法務官となった。その後の職歴ははっきりしないが、各師団や軍の法務部長や、軍法会議の検察官などを歴任したといわれている。島田の関わった事件では、大正十二年九月に発生した甘粕正彦憲兵大尉等による大杉栄夫妻等殺害事件や、昭和七年五月、陸海軍青年将校等が首相官邸を襲撃し、犬養毅首相を射殺した五・一五事件の軍法会議に法務官として参画している。

また十年八月、陸軍省の永田鉄山軍務局長が局長室で相沢三郎中佐に斬殺された裁判（軍法会議）

でも島田は検察官を務めている。この時島田は、第一師団法務部長であった。相沢中佐は、島田の論告求刑通り死刑となったが、軍法会議では特別弁護人の満井佐吉中佐の熱烈な相沢弁護論に圧倒されがちであったという。

十三年七月島田は、第四軍法務部長に転ずる。第四軍は関東軍隷下にあり、軍司令官は、南京事件との関係で著名な中島今朝吾中将であった。次いで十四年九月支那派遣軍法務部長に昇任する。十五年十二月には東部軍法務部長となって内地に帰還する。

東部軍法務部長時代には、十九年七月の津野田少佐による東條首相暗殺未遂事件、二十年四月の吉田茂逮捕事件などに関わったといわれている。

津野田少佐は東條首相を退陣させ、東久邇宮を首班とする宮様内閣を作り和平を推進しようとしたもので、東條が退陣しなければ殺害する計画であったが、東條はサイパン島失陥で退陣したため、未遂に終わった。軍法会議では懲役二年執行猶予二年の判決を受けた。

吉田茂の逮捕は、近衛元首相の天皇への上奏文の内容を流布した軍事上の造言蜚語、立場上知り得た軍の機密を漏らした軍機保護法違反容疑であったが、軍法会議では不起訴処分となった。

十七年四月、官制の改正により、文官であった法務官も武官とされ、島田は法務少将となった。十九年三月には法務中将に進級する。法務部には大将はなく、中将が最高位であった。終戦時現役の法務中将は島田の他、藤井喜一陸軍省法務局長、鈴木忠純支那派遣軍法務部長、山上宗治中部軍法務部長、鈴木重義航空総軍法務部長、高塚憲太郎第十七方面軍法務部長の六名がおり、島田が最先任であった。終戦時島田は、第一総軍法務部長であった。

死の状況

自決

昭和二十年九月四日未明、島田は赤坂霊南坂の官舎で拳銃自決した。軍司令官、参謀長及び部下宛に遺書が残されており、部下宛には「法務関係の責任は一切自分にある」と書かれていたという（『改訂版 世紀の自決』）。

ここでいう法務関係の責任とは、捕虜虐待や、日本空襲の際撃墜されて捕虜となったB29等の搭乗員の処刑等を指していると思われる。B29搭乗員の場合、裁判（軍律会議）の上、国際法違反の無差別爆撃を行なったとして処刑したものもあれば、裁判なしに処刑した例も多かった。

島田とB29搭乗員との関係では、捕虜搭乗員を代々木の陸軍刑務所（島田の管轄であったという）に収容していたが、島田が捕虜の処断をためらっているうちに刑務所が爆撃で焼失、その際捕虜が多数死亡した事や、法務官の長老として敗戦の責任を感じたともいわれているが（前掲『改訂版 世紀の自決』）、島田は、敗戦の責任を負う立場にはなく、それを自決の原因にするには弱すぎよう。

西部軍管区での九州帝国大学生体解剖事件のように、捕虜は原爆で死亡したように偽装しようとした例もあるので、あるいは処刑済みであったのかも知れない。のちに刑務所長（大尉）や、看守長（少尉）、看守（法務曹長等）が絞首刑の判決（のち終身刑に減刑）を受けている。捕虜の処刑問題が自決の要因であろう。自決の覚悟は、早くから出来ていたようで、身辺の整理をし、家族宛に万一の場合があっても、上京の必要はないと書き送っている。
島田は自決したが、法務関係将官では、南方軍法務部長の日高己雄法務少将、第七方面軍法務部長の大塚操法務少将が死刑、第十六方面軍法務部長の伊藤章信法務少将が終身刑となっている。

参考文献

昭和の反乱 上下　石橋恒喜　高木書房
日本陸海軍騒動史　松下芳男　土屋書店
昭和憲兵史　大谷敬二郎　みすず書房
改訂版 世紀の自決　額田坦編　芙蓉書房出版
孤島の土となるとも　岩川隆　講談社

少将

少将

隈部　正美（東京）

Kumabe Masami

（写真『歴史と旅―帝国陸軍将軍総覧』Ｐ４９４）

明治三十年五月二十六日　生
昭和二十年八月十五日　没（自決）　東京　四十八歳
陸士三十期（歩↓航）
陸大三十八期

主要進級歴

大正七年十二月二十五日　少尉任官
昭和十四年三月九日　大佐
昭和十八年三月一日　少将

主要軍歴

大正七年五月二十七日　陸軍士官学校卒業
大正十五年十二月七日　陸軍大学校卒業
昭和十四年三月九日　大佐　航空本部第六課長兼
　航空総監部第四課長
昭和十五年八月一日　第二十一独立飛行隊長
昭和十六年七月七日　航空総監部典範課長
昭和十七年六月一日　第八飛行団長
昭和十八年三月九日　少将
昭和十八年五月十九日　航空本部教育部長兼
　航空総監部教育部長
昭和十九年八月八日　第三航空軍参謀長
昭和十九年十一月二十七日　第四航空軍参謀長
昭和二十年二月二十日　航空審査部総務部長
昭和二十年八月十五日　自決

プロフィール

航空畑エリート軍人

隈部は、陸士、陸大を出たエリート軍人である。進級も終始同期トップ（第一選抜組）である。歩兵科出身であるが、大正十五年、陸大卒業とともに航空に転科し、以降航空の要職を歩んだ。

隈部は昭和十四年三月、大佐に進級とともに陸軍航空本部第六課長兼航空総監部第四課長に任命される。航空本部は、大正八年に創設された陸軍航空部が前身で、大正十四年陸軍航空本部となり、昭和十一年に陸軍省の外局となった。航空本部は、航空兵の本務に関する事項、航空兵器工業の指導、助成及び監督に関する事項、新型機種の選定にかかる事項等が任務であった。

航空総監部は、陸軍航空部隊、航空兵の教育に関する事項を管掌し、航空本部と総監部は二位一体とされ、職員の殆どは両者の兼務であったという。なお、航空本部は、陸軍大臣に隷属した行政機関であるのに対し、航空総監部は天皇に直隷した軍令機関であった。

独立飛行隊長

十五年八月、隈部は第二十一独立飛行隊長として、第一線に出る。同独立飛行隊は、北部仏印進駐のため中国南寧において編成された部隊で、隈部が初代隊長である。編成は、九七式戦闘機及び九七式軽爆撃機の二個中隊で、陸軍航空隊の基本単位である飛行戦隊より規模が小さかった。

北部仏印進駐は、仏領印度支那当局との協定に基づく平和進駐の予定であったが、功を焦った南支那方面軍の佐藤賢了参謀副長や、大本営から派遣された富永恭一作戦部長の策謀により、武力衝突が発生した。隈部の第二十一独立飛行隊も協定前に偵察に飛来した仏印機を撃墜し、さらにハイフォンを爆撃した。

この爆撃は誤爆といわれているが、おりしも仏印当局と平和進駐交渉中の西原機関の団長西原一策少将は「統帥乱れて信を中外に失う」と大本営宛痛烈に抗議する一幕もあった。また、上陸部隊を護衛してきた海軍も憤激し、護衛を中止して引き上げた。

最終的には、北部仏印進駐は仏印当局と協定が成立し、大規模な戦闘を交えることなく、九月末進駐を完了したが、極めて後味の悪い事件であった。この責任を問われ、安藤利吉南支那方面軍司令官は予備役に編入され、現地で策謀した富永恭一作戦部長等も更迭された。しかし、その後安藤中将は召集され台湾軍司令官に親補され、大将に進級、富永は陸軍省人事局長に返り咲き、さらに次官に昇進する。十九年七月東条内閣が崩壊したあと、第四航空軍司令官となって比島に赴任、これを隈部が参謀長として支えることになる。

航空総監部典範課長

十六年七月、隈部は航空総監部典範課長として内地に帰還する。航空総監部は既に述べたように、航空部門に於ける教育機関である。航空以外の兵科（兵種）については教育総監部が管掌した。典範とは歩兵操典、輜重兵操典、諸兵射撃教範、瓦斯防護教範、作戦要務令、軍隊内務令など、今日でいえば、法令、規則、マニュアル等に相当する。旧日本軍ではこうした文書を典範令と称した。隈部の典範課長は、航空部門に於ける典範令の制定、改廃などの総括責任者である。

飛行団長

隈部は典範課長を一年足らず務め、十七年六月第八飛行団長に転出する。

飛行団とは、陸軍航空部隊の基幹組織の一つで、歩兵部隊などの旅団に相当する。隷下に数個の飛行戦隊（歩兵部隊などの連隊に相当）を持ち、これを指揮した。飛行団の上に飛行集団（十七年五月から師団）があり、飛行団数個を指揮した。

第八飛行団は、戦闘機一個戦隊、爆撃機二個戦隊の編成で、昭和十三年に編成されて以来、関東軍の隷下にあったが、十八年二月第三航空軍（軍司令官 菅原道大中将）隷下に転属となり、隈部以下はシンガポールに進出した。その後、団はスマトラに移駐、メダンに司令部を置いた。この頃、連合軍の反攻も未だしで、平穏な日々であったであろう。

飛行団長在任中の十八年三月、隈部は少将に進級する。同期のトップ（第一選抜）での進級である。

教育部長

十八年五月、隈部は再び航空本部に戻り同本部教育部長兼航空総監部教育部長に就任する。殆どの補職を一年程度で通り過ぎる典型的なトップエリートの経歴である。

この航空本部教育部長の職も一年三カ月で替り、十九年八月、第三航空軍参謀長に転じる。第三航空軍は、隈部が第八飛行団長時代所属した軍で、十九年三月以来、乏しい戦力でインパール作戦に協力していたが、インパール作戦も七月には中止された。

隈部の着任は、インパール作戦中止後で、第三航空軍は、崩壊するビルマ戦線の掩護と、漸く熾烈になってきた英機動部隊等による空襲対策に追われていた。

第四航空軍参謀長

しかし、隈部は十一月、突然第四航空軍参謀長に転補される。第三航空軍参謀長在任僅か三カ月である。

第四航空軍は、ニューギニアで戦力をすり減らし、比島に後退して再建を図っていたが、十九年十月、米軍が大挙してレイテ島に上陸、大本営は捷一号作戦を発動、レイテ決戦が始まった。

富永軍司令官登場

第四航空軍司令官は、当初寺本熊市中将であったが、ニューギニアでの敗戦の責を負い、十九年八月、富永恭次中将と交代した。

富永中将は、東條内閣のもとで人事局長、ついで陸軍次官（人事局長兼務）を務めていたが、サイパン島の失陥により東條が失脚するとともに、その腰巾着と見られていた富永も陸軍省を追われ、第四航空軍司令官に転出させられた。師団長も経ないで軍司令官とは大栄転であるが、富永は航空の経験は全くなく、野戦指揮官の経験も近衛歩兵第二連隊長を一年勤めたものの実戦の経験は全くない、官僚型の軍人であった。

この人事を発令した杉山元陸軍大臣（前参謀総長）は「なんと名人事ではないか」とうそぶいたと伝えられている。しかし、富永の軍司令官案を内奏した杉山に天皇は「富永は航空のことは分かっているのか」と懸念を示したという。これに対し杉山は「富永は参謀本部第一部長をやったことがあり、航空の編成などについてよく知っています」と答えている（『丸別冊太平洋戦争証言シリーズ4　日米戦の天王山　フィリッピン決戦記　第四航空軍作戦の顛末』生田淳）。

富永は九月八日マニラに着任、統帥を発動した。その方針は「与えられた戦力で満足し、兵力の増強を要請しない。幕僚統帥を絶対にやらぬ。徳義の統帥を行う。迅速に決断、則実行」だと訓示した。以来富永の統帥は厳格に実施され、富永が参謀や部下指揮官の意見を尊重することはなかった。

こうした中、十一月下旬隷下の第二飛行師団長木下勇中将の解任事件が発生した。これは、レイテ攻撃中の第二飛行師団が、戦力の不足から、近々師団に配属予定の軽爆撃機戦隊の双軽四機を師団長が独断でレイテ攻撃に使用し、うち一機が未帰還となった。これを知った富永は激怒し、木下師団長を解任、軍法会議にかけると主張した。

双軽のレイテ攻撃使用は、第二飛行師団から度々第四航空軍あて意見具申されていたが、航空軍は明確な意思表示をしていなかった。第四航空軍の寺田参謀長は、師団の意向を理解しながらも、富永を恐れ意思の疎通を欠いていたといわれる。また木下師団長は、かねてから航空を知らない富永の精神主義的統帥に反発していた。

こうした富永の処置を知った南方軍は、軍司令官には親補職の師団長を解任する権限はない（天皇の裁可が必要）として、解任命令を撤回させ、軍法会議送付を認めなかった。しかし、木下中将をこのままにしておくわけにはいかず、同中将を更迭、後任に軍参謀長の寺田済一中将をあてることを中央に具申した。十一月二十七日この更迭は正式に発令され。寺田の後任には第三航空軍参謀長の隈部少将があてられることになった。

木下中将は十一月二十九日、聖徳太子の憲法十七条の「和を持って尊しとなす」を引用した離任の辞をのこし、マニラを去ったという。木下の新ポストは南方総軍附であった（二週間後 第五十五航空師団長に補職さる）。

第三航空軍参謀長就任間もない隈部が、なぜ第四航空軍参謀長に転じたか謎である。隈部はなぜ俺がこんな貧乏くじの軍参謀長をやらされるのかと不満たらたらであったというし、富永が呼んだものでもなかったという。同航空軍の高級参謀松前未曽雄大佐が作成した候補者リストの中に隈部の名があり、それを中央が選んだらしい。しかし、隈部が見た一覧表の隈部の名前はあとから棒線で消されていたと隈部は比島にいた同期生の第五飛行団長小川小二郎大佐（のち少将）に語っている（『陸軍特別攻撃隊 下』高木俊朗）。

隈部のマニラ着任は、十九年十二月上旬と見られるが、第四航空軍の作戦は挙げて特攻に移転しており、レイテ戦も断末魔の様相を呈していた。ここにいたって漸く大本営や南方軍もレイテ決戦を諦め、山下第十四方面軍の意見具申を受け入れた。これにより山下は十二月二十五日、レイテの第三十五軍司令官鈴木中将に「作戦地域内において自活自戦永久に抗戦を継続し国軍将来に於ける反攻の支とう（漢字）たるべし」とのいわゆる自活自戦命令を発し、レイテ決戦は実質的に終了した。この日米軍はレイテ戦の終結を宣言した。

レイテ決戦が崩壊したあと、第十四方面軍はかねて持論のルソン決戦に転換した。とはいえ決戦と称しても海、空の戦力は既に尽きており、マニラを放棄し山地に籠もっての持久戦を策するほかなかった。

しかし、富永はマニラの死守を主張し、第十四方面軍と激しく対立した。富永の主張は、マニラを離れてはこれまでの特攻の英霊に申し訳ない。航空部隊が山に籠もっても役に立たない。後退して山に籠もるくらいなら、マニラを死守し玉砕するというものであった。

当時、第四航空軍は、南方軍の直轄部隊であり、第十四方面軍とは並列の関係にあった。方面軍はかねてから航空軍を指揮下に入れることを要望しており、当初南方軍はこれに消極的であったが、大本営は、両軍の対立解消とルソン防衛強化のため、二十年一月一日を以て第四航空軍を第十四方面軍の指揮下に入れた。大本営はこれまでニューギニア戦以来、後退に次ぐ後退を重ねてきた第四航空軍を比島において十四方面軍と運命をともにさせ、有終の美を飾らせようと考えていた。

しかし、富永にとってはマニラ撤退や方面軍の指揮下にはいることは全く不本意なことであった。このため二度にわたり、南方軍に対し軍司令官辞任を申し出ている。一度目は担当参謀が隈部と相談して、これはまずいと放置していたが、富永の命令により打電、二度目は、隈部の名前で打電させている。いずれも南方軍から拒否されているが、難局に当たって辞任を申し出るなど他に例を見ない。無責任さである。

富永は、十二月下旬から体調を崩し、微熱が続いて病臥していることが多くなったといわれているが、過酷な戦局の中で一種のノイローゼ状態であったともいわれている。航空軍司令部内でも富永と参謀長の隈部以下との関係は極めて円滑を欠き、隈部と参謀との関係も良好ではなかったと伝えられている。

軍司令官比島脱出

富永は、方面軍の隷下に入ってからも後退命令に従わずマニラにとどまっていたが、一月六日、西北部ルソンのリンガエン湾に米大艦隊が進入し、艦砲射撃を開始（九日上陸）するに及んで翌七日大あわてで撤退を始め、エチアゲに向かった。日赤看護婦三名を連れて行ったが、隷下部隊には連絡せず、司令部が真っ先にマニラを出て行った。隷下部隊への連絡などは参謀長の仕事であるが、隈部もその処置をしなかった。マニラ出発に当たり富永は寺内南方軍司令官あて「必死戦い続けつつある最愛の将兵と別れマニラを離れることは、胸裂け、腸断たれる思いであるが、軍に一機の存する限り任務を続行せんとす」と打電した。この通りに実行していれば富永も汚名を残さなくてすんだであろう。

しかし、エチアゲに後退した富永は、一月十六日、台湾の所在の隷下部隊視察を名目として一人比島を飛び立った。その時の光景を目撃した者はかなりいるが、比島脱出の便を待っていた報道班員などにも「大本営から台湾に出張を命じられました。皆さんより一足お先になりますが、また一緒に働ける日を待っています」と挨拶したという（『秘録大東亜戦史比島編—第四航空軍マニラ放棄』村松喬）。しかし、大本営からは出張命令は出ていなかった。

富永は当初新鋭の二式戦闘機（複座）で出発しようとしたが、飛行場の整備が悪く離陸に失敗、機は損傷した。このため替りの軍偵（九十九式偵察機）に乗り換えて出発した。この軍偵は固定脚の旧式機で、米軍の制空権下で軍司令官が乗るようなものではなかった。富永になけなしの一式（隼）戦闘機が護衛について飛び立った。

富永はこの時、同行の三人の看護婦に、よかったら台湾に連れて行ってやるといったが、三人は、他の人達を残して自分たちだけ行くことは出来ないと断ったという（前掲『陸軍特別攻撃隊下』）。

富永の脱出後、軍司令部の幹部が次々と台湾へ飛び立った。富永や隈部は無事台湾に着いたが、他の幹部は途中米機に撃墜され、十数名が戦死した。後には八万人以上の第四航空軍関係者（大部分は地上勤務員）が残されていた。

富永の台湾行きは、上司の命が無く陸軍刑法第四十二条「司令官敵前ニオイテ其ノ尽クスヘキ所ヲ尽クサスシテ隊兵ヲ率イ逃避シタル時ハ死刑ニ処ス」、あるいは第四十三条「司令官軍隊ヲ率イ故ナク守地若ハ配置ノ地ニ就カス又ソノ地ヲ離レタル時ハ左ノ区分ニ従テ処断ス　一敵前ナルトキハ死刑ニ処ス　二〜略〜」に該当する重罪である。

南方軍や第十四方面軍では、富永の脱出を知り憤激し、軍法会議の話も出たが、いつの間にか富永の台湾行きを追認し、軍法会議論はうやむやとなった。下級将校や下士官兵であれば容赦なく軍法会議送りとなり、処刑されていたに違いない。親補職の富永を軍法会議にかければ天皇の任命責任にも累が及ぶし、陸軍大臣の補弼責任を問われることにもなる。軍の統帥の恥部にも触れざるを得ないことから軍法会議は忌避された。

インパール作戦に於いて佐藤幸徳第三十一師団長（富永と同期）が、牟田口第十五軍司令官の命令に抗して独断撤退した抗命事件も、牟田口も佐藤も軍法会議を主張したが、佐藤の精神異常を理由にして、うやむやのうちに処理された。臭いものに蓋をしたのである。その他にもいくつか同様の例がある。

富永の台湾脱出は、富永のノイローゼ状態から来る逃避願望と、隈部以下の参謀の策謀によるものと見られているが、隈部の死と深い関係があるので、さらに次の項で触れよう。

死の状況

隈部の弁明

台湾に到着した富永や隈部を迎える第十方面軍の目は冷たく、もはや台湾所在の第四航空軍部隊を指揮して、戦局に貢献する余地はなかった。隈部は富永の命でサイゴンの南方軍総司令部に釈明に行かされ、寺内総司令官の厳しい叱責を受けた。

二十年二月十三日、第四航空軍の復帰（解隊）が発令された。隷下部隊は他に転属になり、関係者も転補された。隈部は二月二十日付で航空技術審査部総務部長を命じられ、富永は同二十四日付で待命を申し渡された。富永は五月一日付で予備役に編入されたが、その後七月十六日に召集され第百三十九師団長に親補され、満州に赴任した。終戦でシベリアに抑留されたが、昭和三十一年四月、無事帰国した。武運（悪運）の強い将軍である。

「二十年初春、隈部は憔悴した風貌で、悄然と陸軍省人事局長室に姿を見せた」と、この時会った人事局長額田坦中将はその編集した『世紀の自決』（芙蓉書房）に書き残している。以下は額田の記録した内容である。

「第四航空軍の不評は全く私のいたらぬ為です。ことにあの立派な、しかも当時、心身共に過労の極にあった富永軍司令官に対し、とかくのケチを付けるものがあると聞き深く呵責の念に堪えない。軍司令官はレイテ作戦の当初から既に戦況の容易ならぬことを予察し、自ら最終的には松前高級参謀の操縦する飛行機で、突入することに決めておられた。軍司令官に生き恥を書かせたのは実にこの私です。

当時の実情を聞いてください。この軍司令官の決意がいつとはなしに次第に司令部内に知られたため、我も我もと司令官と行を共にしたいものが増えてきたのです。私は大戦の真最中に大切な一機、百戦錬磨の貴重な勇士一人でも、潔いとか戦友、部下に殉ずるとかいうようなことで、空しく失うことがあって良いものかどうか思案に暮れました。そこで私はいろいろ苦心して、その源を断つため軍司令官の突入を漸く防ぎ、その後台湾に後退することになったのです。

ところが、この苦心が仇となり、非難の因を作ったことは全く私の不覚でした。自分は罪万死に値すると考えるので、今度のような内地の要職など思いもよらない。どんな下級職でも結構ですから、是非とも危険な場所にやって貰いたい」と訴えたという。

これだけを見ると上司思いの責任感あふれる見事な軍人像を思い描くが、隈部の発言は、にわかには首肯しがたい。

隈部は、富永が最終的には参謀の操縦する飛行機でレイテに突入する覚悟を決めており、それを知った部下が、我も我もと続出したといっているが、ここには嘘がある。また、「大戦の真っ最中に大切な一機、百戦錬磨の貴重な勇士を（略）空しく失うことがあって良いものか」といっているが、特攻作戦はそれを承知でやっていることではないか。

富永は、特攻隊を送り出すとき、わざわざ飛行場に出向いて熱誠あふれる訓辞行い、一人一人の特攻隊員と熱い握手を交わし若い隊員達を感激させているが、富永は常に「諸官だけを死なせはしない。最後の一機でこの富永も突入する。後のことは心配なく従容として神の座についていただきたい」といって、軍刀を振りかざしつつ見送っている。

富永が最後の一機で突入するというのは周知の発言であり、部下に対する約束であった。また我も我もと希望者が続出したというが、富永は参謀のいうことは全く聞かず、参謀を口汚くののしり、挙句はムチで殴打することもあり、人心は全く富永を離れていたという（前掲　陸軍特別攻撃隊）。こういう富永とともに、我も我もと突入しようといったであろうか。

軍司令官脱出の真相

富永は、過酷な戦況の中でノイローゼ気味となり、また体調を崩し（デング熱ともただの微熱ともいう）、軍司令官辞任を二度にわたり申請したりして、戦場逃避の願望が募っていたが、富永が積極的に逃げ出したのではないという見方もある。当時の隈部以下参謀は、戦力の尽きた四航空軍が比島にとどまる意味はない。陸上部隊と玉砕するより台湾に後退して台湾から比島戦を支援すべきだと考えていた（『戦史叢書』他）。このため、第十四方面軍に働きかけ、同軍から南方軍あて台湾移転についての意見具申電報を打電してもらった（しかしこの電文は今日残っていないという）。参謀の方面軍に対する働きかけや意見具申電報は、富永の指示や了解を得たものではなく隈部以下が独断で行ったものとされている。戦史叢書には、「隈部は衰弱の加わっている軍司令官自身がまず在台湾隷指揮下部隊視察の名目で、なるべく早く台湾に移るよう、計画準備を進めた」と書かれている。

富永は二十年一月十六日、護衛の憲兵とともにエチアゲ飛行場を台湾に向け出発しようとしていた。その時第十四方面軍が南方軍宛に出した第四航空軍の台湾移駐についての意見具申電報が（電文が相当乱れていたという）参考電として隈部のもとに到着し、隈部はそれを大本営が台湾移駐を認可したものと思い、富永にその旨報告したという。富永は報道班員などに「このたび大本営の命令で台湾に出張を命じられましたと挨拶して飛び立った。

台湾出発は、朝八時の予定であったが（この時電報はまだ届いていない）、搭乗した戦闘機（複座）が飛行場のぬかるみに脚をとられ離陸出来ず、替えの飛行機の手配などに手間取り、出発は午後四時になった。この間に電報が届いた。替えの飛行機も固定脚の軍偵で、米軍機に出会えば、ひとたまりもない旧式機で、米機が跳梁している時間帯であった。

この状況を目撃した報道班員の村松喬は「見送りの参謀達は、是が非でも軍司令官を送り出さなければ承知しない気配であった。（中略）富永中将のその時の状態を見た者には、同中将が自分の意志で、台湾へ逃げたとは考え難いものがある。」と書き残している（前掲『秘録 大東亜戦史 比島編』）。富永自身もシベリアからの帰国後、台湾行きは隈部にだまされたと主張している（前掲『陸軍特別攻撃隊 下』）。『戦史叢書』も『世紀の自決』もそうした趣旨で書かれており、隈部に責任をかぶせているが、いささか信じ難い。富永と隈部の共演ではなかったかと思われる。両者の関係は相当不仲のようであったが、比島脱出については利害が一致していたのではないか。

一家自決

終戦の日の「八月十五日夕刻、隈部は、家族と共に多摩川河畔で、愛娘たちのバイオリンの曲も悲しき、最後の晩餐を共にした後、自らの短銃をもって家族五人潔い最期を遂げた」と『世紀の自決』には書かれている。行を共にしたのは夫人（四十二歳）、母堂（六十九歳）、長女（十九歳）、次女（十七歳）とされている。

しかし、この自決の状況も『陸軍特別攻撃隊 下』（高木俊朗）によれば多摩川河畔ではなく下宿の仮住の家であったという。また死んだのは五人ではなく、足が不自由であった夫人の世話をしていた女性も含め、六人であったという。今日の用語でいえば、一家心中である。

隈部の自決の理由は何であったのか、遺書は残されていなかったらしく、はっきりしたことは分からない。台湾脱出で富永の将徳に傷を付けたことを恥じたのか、己の台湾脱出自体を悔いたのか、はたまた、多くの特攻隊員に対する詫びであったのか。

海軍の特攻創始者の名を押しつけられ、比島で海軍特攻を指揮した大西滝治郎第一航空艦隊司令長官は、終戦の翌日特攻隊員と其の遺族に詫びて自決した。また本土で沖縄決戦の特攻を指揮した宇垣纏第五航空艦隊司令長官も十五日夕刻、彗星艦爆十一機を引き連れ沖縄に突入、特攻隊員に殉じた。陸軍には俺も後から必ず行くと特攻を命じた将官で責任をとった者は一人もいない。

隈部は、航空総監部教育部長兼航空本部教育部長時代、上司の後宮参謀次長兼航空総監兼航空本部長と共に熱烈な特攻の推進者であったという。

隈部の同期は、比較的航空関係者が多い。陸大恩賜で隈部の後任の第三航空軍参謀長となって、その赴任途上戦死した川上清志、第四航空軍隷下で比島に取り残され戦死した植山英武マニラ航空廠長、隈部の下で第四航空軍参謀副長を務めた山口槌夫、隈部の二代前の第四航空軍参謀長を務めた森本軍蔵などがいる。これらはいずれも同期の第一選抜組であった。

参考文献

陸軍航空隊全史　木俣滋郎　朝日ソノラマ
戦史叢書　ビルマ・蘭印方面　第三航空軍の作戦
戦史叢書　比島捷号陸軍航空作戦
陸軍特別攻撃隊上下　高木俊朗　文藝春秋
丸別冊　太平洋戦争証言シリーズ4　日米戦の天王山 フィリッピン決戦記
　「第四航空軍作戦の顛末　生田淳」　潮書房
丸別冊　戦争と人物2「第四航空軍司令官遁走セリ　江崎誠致」潮書房
丸エキストラ　戦史と旅13　陸軍航空作戦の全貌
　「四航軍司令官富永中将の人間像 土門周平」潮書房
秘録大東亜戦史　比島編「第四航空軍　マニラ放棄　村松喬」富士書苑
世紀の自決　額田坦編　芙蓉書房

少将

平野　豊次（兵庫）

Hirano Toyoji

明治二十三年十一月十一日　生
昭和二十年九月二十日　没（自決）　スマトラ　五十四歳
陸士二十五期（歩→憲）

主要進級歴

大正二年十二月二十五日　少尉任官
昭和十五年三月九日　大佐
昭和二十年三月一日　少将

主要軍歴

大正二年五月二十六日　陸軍士官学校卒業
昭和十五年三月九日　大佐
昭和十八年三月一日　第二十五軍憲兵隊長
昭和二十年三月一日　少将
昭和二十年九月二十日　自決

プロフィール

無天の憲兵科将軍

平野は、歩兵科出身であるが、中尉または大尉時代に憲兵科に転科した模様である。憲兵は、強大な権限を持つ反面、直接戦闘に参加しないことから、軍内では憲兵は軍人にあらずと差別視する向きもあったという。また、憲兵科には大将位が無く、中将止まりであったし、陸大進学の道も実質的に閉ざされていたのであまり人気のある兵科ではなかった。陸大卒の憲兵科将官も数人いるが、何等かの理由で陸大卒業後、憲兵に転科したものである。

平野の事績や経歴を伝える資料は殆ど無く、全く無名の将軍である。平野は十五年三月に大佐に進級しているが、無天同期のトップは十三年七月に進級しており、かなり遅れている。同期には、憲兵科の将軍が平野を含め三名いるが、石田乙五郎は無天（といっても東京帝国大学法学部に派遣されているが）トップで進級し、二十年四月には中将に進級、憲兵司令部本部長などを務めている。もう一名の上砂勝七は十四年三月に大佐、十八年八月に少将となり、台湾憲兵隊司令官を務めている。同期で憲兵科将官が三名でているのは、比較的多い方である。

野戦憲兵隊長

平野は十八年三月、第二十五軍憲兵隊長に任じられた。大佐になって既に三年が経っており、それまでにそれなりのポストに就いていたはずであるが、伝えられていない。

憲兵は、軍事警察権、および普通警察権を司り、平時は陸軍大臣に隷属し、憲兵令（勅令）に従って職務を執行した。一方、外地や戦地にあっては、野戦軍に直属し、軍司令官の指揮を受けて作戦要務令や野戦憲兵隊勤務令等の軍令に従って職務を執行した。このため戦地の憲兵は軍令憲兵、あるいは戦地憲兵、外地憲兵等と呼ばれた。

戦地憲兵は、通常の自国軍人の軍紀、風紀の維持、取り締まりだけではなく、占領地の治安維持、スパイの検束、敵性住民の取り締まりなど、幅広い権限を有していた。このため強力な治安維持活動の中で、被疑者の拷問や殺害が多数発生し、戦後その責任を問われた憲兵も少なくなかった。

第二十五軍は、大東亜戦争開戦時、山下奉文軍司令官の下、マレー、シンガポールを攻略した。その際同軍は、軍司令官の命令でマレー、シンガポールの華僑を多数殺害し、同軍憲兵隊もこれに関与した。戦後、関係者がその責任を問われている。

しかし、これらは平野の着任前の出来事である。第二十五軍は、その後シンガポールからスマトラ島に移り、同島の警備に当たった。平野の赴任時、軍司令官は斎藤弥平太中将（その後 田辺盛武中将）に替っていた。当時軍司令部は、スマトラ中央部のブキチンギに置かれていた。平野の憲兵隊司令部も同所にあったものと思われる。

蘭印はオランダ領であったが、本国がドイツに占領されていたため、日本軍の進攻に対しても本格的な抵抗はなく、短時日の戦闘で占領された。その後も終戦まで連合軍の上陸はなく、対日感情も良く、ジャワの極楽、ビルマの地獄、生きて帰れぬニューギニアといわれたように、日本軍にとってスマトラの日常は平穏なものであった。

しかし、スマトラ島にはマレー俘虜収容所の分所が、メダンやパレンバンなど数箇所に置かれ、数千名の連合軍捕虜が収容されていた。これらの捕虜は飛行場建設や、鉄道建設などの労役に使用されていたが、劣悪な環境条件の中で多数の死傷者を出したことが戦後問題となって、収容所の所長や看守、警備兵などが責任を問われることになる。また、後に述べるスマトラ工作事件が発生し、憲兵を中心に責任が追及された。

平野の第二十五軍憲兵隊の兵力は、終戦時五百二名と伝えられている。当時の外地憲兵隊の総兵力は二万二千余りであった。意外と少兵力であるが、このほか一般将兵を補助憲兵として利用している。

死の状況

自決

終戦後、スマトラ島には英豪軍が進駐してきた。英豪軍は後にオランダ軍と交代するが、進駐軍は、俘虜収容所関係事件や、十八年九月のいわゆるスマトラ治安工作（ス工作）関係者の調査を始めた。ス工作とは、いずれ予想される連合軍の反攻に備えて、島内の諜報組織の摘発、潰滅を図った事件である。これは、憲兵が中心となって、約二千名を逮捕、尋問した。その過程で拷問や虐待があり、多数の死者が発生したといわれている。

平野は、二十年九月二十日、自決したと伝えられている。しかし、その理由や状況は、はっきりしていない。ただし、考えられる理由としては、前記の事件に関するものと思われる。

参考文献

日本憲兵正史　全国憲友会
昭和憲兵史　大谷敬二郎　みすず書房
日本憲兵正史　全国憲友会
孤島の土となるとも　岩川隆　講談社

少将

岡田 痴一（広島）

Okada Tiichi

明治二十三年七月二十二日　生

昭和二十一年二月十二日　没（自決）　名古屋　五十五歳

主要進級歴

昭和十七年四月一日　法務大佐

昭和二十年六月十日　法務少将

主要軍歴

昭和十六年四月十日　第十二軍法務部長

昭和十七年四月一日　法務大佐

昭和二十年一月二十九日　東海軍管区兼第十三方面軍法務部長

昭和二十年六月十日　法務少将

昭和二十一年二月十二日　自決

プロフィール

法務官

岡田の名は「痴一」というが、なんと読むのであろうか。素直に「ちいち」と読んでいいのであろうか。難しい。

岡田は、法務官として少将に上り詰めたが、法務官は長く文官と位置づけられ、軍属の扱いであった。しかし、昭和十七年四月、法務部が設けられ、身分は文官から武官に変更され、それぞれ軍人としての階級が与えられた。法務部の沿革、職掌等については、島田法務中将の項を参照されたい。

法務官は、陸軍の法務を担当したが、法務部は、一般に軍以上の組織にしかなく将兵にとっては、軍医や主計（経理）と違って身近に接する機会もなく、最もなじみの薄い部門であった。しかし、軍紀違反で軍法会議に送られた場合、法務将校に裁かれることになり（軍法会議は法務将校と兵科将校で構成された）、恐れられた。

法務部長

岡田は、昭和十六年四月、第十二軍法務部長に補せられる。まだ文官時代である。第十二軍（軍司令官土橋一次中将）は、支那派遣軍の北支那方面軍隷下にあって、山東省の済南に司令部を置いていた。

当時山東省では、大規模な戦闘はなかったが、共産系ゲリラの浸透が著しく、日本軍は治安の確保、討伐に追われていた。また、日本軍将兵は、長期にわたる占領地生活に倦み、過酷な討伐作戦で軍紀も乱れていた。

こうした情勢下で、軍上層部も軍紀の引き締めに躍起になっており、北支那方面軍（軍司令官岡村寧次大将）は、十七年十二月二十六日、兵団長会議を開催、参謀長大城戸三治中将が特別講演を行い、軍紀紊乱の実情を報告し、士気の高揚、軍紀の振作を訴えた。

しかるにその翌日、軍中央部をも震撼させる不祥事が管内で発生した。

館陶事件

事件は、十七年十二月二十七日、第十二軍の管内である山東省館陶県において発生した。同地駐屯の独立歩兵第四十二大隊の第五中隊（第五十九師団の第五十三旅団所属）において、中隊長が六名の兵に他部隊への転属を命じたところ、彼等は、再度の転属であったため、会食（送別会）の席上日頃の中隊幹部に対する不満を爆発させ、中隊幹部を侮辱、挙句は銃剣で脅したり、殴打し、さらには小銃を乱射、手榴弾まで投げつける騒動となった。中隊長以下幹部はこれを制止できず、営舎を離れて逃げ回る始末であったという。

収拾が手に余った中隊長が、状況を大隊に報告、鎮圧の応援を求めためは、翌二十八日夕刻のことであった。騒いだ兵達は、その後酔いも覚め、既に転属先に向かって出発していた。これらの兵はその後逮捕された。

報告を受けた大隊長は、自らも現地に赴き調査の上、実情を旅団長に報告、次いで事件は師団、軍にも知れ渡った。

軍は、岡田法務部長や憲兵を派遣し、実態調査を行わせた。当該兵達は、軍法会議に送られ、用兵器党与上官暴行、抗命、辱職、軍用物損壊毀損などの罪で首謀者二名が死刑、一名が無期懲役、三名が六年～三年の懲役刑をうけた。岡田は法務部長として軍法会議を指揮した。

この事件は方面軍のみならず、中央にも報告され、軍上層部の心胆を寒からしめた。軍中央もこれを全軍に通知、東條陸軍大臣（総理大臣）は、十八年四月の軍司令官、師団長等会同において軍紀の粛正と秩序の確立を命じた。この種の事件は、館陶のみならず、各地で発生しており、大部分は表面化せず、もみ消されていたという。

館陶事件が重大視されたのは、館陶事件の一カ月前、中支の湖北省応山県広水鎮において、第三師団の輜重第三連隊第一中隊が同種の事件を引き起こしていたからでもある。ここでは曹長をトップに、下士官と兵あわせて三十二名が血書して結託し、中隊長代理（中隊長は転属で空席となっていた）以下将校全員を棍棒で袋だたきにしたという事件である。ここでも曹長は、軍法会議で死刑となり、その他も重罪となった。

北支方面軍は、同年四月八日、隷下の全将兵に「国民政府の参戦と北支派遣軍将兵」と題する長文の冊子を配布し、中国人の民族意識を軽視するな。焼かず、犯さず、殺さずの三戒を守れと訴えた。それほど焼いて、犯して、殺すは日常化していた。

事件後、土橋一次第十二軍司令官、柳川悌第五十九師団長、大熊貞雄第五十三旅団長、五十君直

彦大隊長は予備役に編入され、中隊長は自決を強制された。

死の状況

自決

館陶事件後も、岡田は第十二軍法務部長を務め、二十年一月東海軍管区兼第十三方面軍法務部長に栄転する。また、同年六月には法務少将に進級した。館陶事件は、岡田の軍歴の汚点にはならなかったようである。

東海軍管区及び第十三方面軍は、名古屋に司令部を置き、軍司令官並びに主要職員は、兼務であった。その後、岡田は、無事終戦を迎えたが、復員することなく東海復員監部で隷下将兵の復員業務を行っていたらしい。

ところが、二十一年二月十二日、岡田は事務所において自決したという。その状況、理由は詳らかではないが、当時元上司の岡田資第十三方面軍司令官等の戦犯問題が発生しており、そのこととの関係が推定されている。

すなわち、名古屋地区に襲来し撃墜された米軍機（B29）の搭乗員捕虜三十六名を、無差別爆撃を理由に処刑した案件が、戦犯問題に発展し、米軍の横浜裁判で裁かれていた。この案件は、軍律会議を開催し、審判したものであるが、その軍律会議が違法、無法、虚偽、無効な手続き等とされた。

この件については、岡田元軍司令官が全て自分の責任であると主張したため、二十三年五月十九日、岡田中将のみが死刑、他の被告十九名は無期一名、その他は有期刑という、同種事件の中では異例の軽い判決が下された。

軍律会議の審判は、法務部が主催しており、岡田法務部長が、自決時、戦犯として追求されていたかどうか不明であるが（自決場所から見て逮捕はされていない）、岡田の自決は本件と密接な関係があるのではなかろうか。

隣接軍の中部軍管区・第十五方面軍の同種事件では、太田原清美元同軍法務部長が絞首刑の判決を受けている（後に終身刑に減刑）。内山英太郎元軍司令官は重労働三十年の判決であった。

終戦時、現役の法務部将官は、中将が七名、少将も七名いたが、中将、少将各一名が自決、少将のうち二名が戦犯として刑死し、一名が終身刑の判決を受けている。各部の中では最もその比率が高い。陸軍の法の番人として、悲惨な結末である。

参考文献

戦史叢書　北支の治安戦2
天皇の軍隊　昭和の歴史3　大江志乃夫　小学館
孤島の土となるとも　岩川隆　講談社
丸別冊　戦争と人物　軍司令官と師団長「戦犯になった陸軍将官　茶園義男」潮書房

終わりに

執筆経緯

戦没将官列伝シリーズは、陸軍篇として戦死編、自決編、戦犯編、戦病死編を予定しており、さらに海軍編を予定している、陸軍については、二〇〇九年七月に文芸社より戦死編を上梓したが、あまり売れなかったこともあって、その後の上梓は、自決編、戦犯編までは原稿はほぼ完成していたものの、出版の目途がたたず、今日まで原稿はいわばほこりをかぶっていた。しかし、今回九年ぶりに列伝シリーズ第二編として自決編を上梓することとなったのは、ひょんなことからお近づきになった展望社 唐澤明義社長のご厚意による。筆者が別に関係しているNPO法人老人ホーム評価センターの活動成果を「首都圏の特徴ある老人ホーム百選（仮題）」として出版してはどうかとの提案があり、いろいろ打ち合わせ中に、本シリーズの自決編の話をしたところ、それも面白そうだと上梓の運びとなったものである。

この列伝シリーズ執筆のきっかけは、大東亜戦争に於ける軍人・軍属の死者が陸海合わせて二百三十万以上（この他一般市民八十万人が死亡しており戦没者合計は三百十万人以上となる）と知り、この中には一体彼等を指揮した将官が何人含まれているのだろうかと興味を持ったことに始まる。

子供の頃から戦記物を愛読し、これまでに読んだ戦記物は、恐らく四〜五千冊に上るが、そうした資料は見たこともないし、国会図書館、防衛省防衛研究所資料閲覧室、靖国偕行文庫等で調べたが見つからなかった。

海軍が、終戦直後の帝国議会で公表した「海軍関係損耗表」の中で階級別の死者を示しており、准士官以上の死者は一万三千余、うち将官は四十七名としている。下士官兵は十四万一千余としている。陸軍も損耗表を提出しているが、階級別の死者の数は示されていない。戦死者の総数は僅かに三十五万人とされている。

明治建軍以来の将官（陸・海）を網羅した名鑑（名簿）はいくつかあるが、戦没者に限定したものはない。著名な軍人については、様々な戦記や著作で取り上げられているが、無名の将官についてはその資料も乏しい。そこで、陸、海の戦没将官全員の名鑑を作ろう、それも名前だけではなく、軍歴、戦歴、プロフィール、死の状況を調べてみようと決心した。サラリーマン時代も先が見えてきた五十歳の頃である。

その後、サラリーマン生活の傍ら資料集めを始めたが、概ね執筆に着手できるだけの基礎資料の収集だけで十年以上かかった。六十歳になったらサラリーマンを卒業し、執筆に専念しようと思っていたが、なかなか予定通りには行かず、六十二歳で非常勤職になり、サラリーマンを完全リタイア出来たときには六十五歳になっていた。非常勤職になった頃を契機に、本格的に執筆を始めたが、想像以上に苦労、難航した。無名将軍の資料が非常に乏しいのである。

将官の各種名鑑（人名録等）を見ても、経歴や死亡日の違いや、果ては、死亡したとされている将官について執筆を進めていると、その後、その将官は生還していることが分かった例もあった。その逆もある。陸軍・戦死編の脱稿に足かけ五年かかった。

その間、ひょんなきっかけから別の著作『敗者の戦訓──経営者の見た日本軍の失敗と教訓』を出版（二〇〇三年六月　文芸社）からすることとなり時間をとられた。

この『敗者の戦訓』は、全く無名のアマチュアの書いたものとしては珍しく、日経ビジネスや、毎日新聞の書評で取り上げられ四刷まで増刷された。失敗学会の推薦図書にも指定された。

同書では、戦後の国家運営や企業経営等における多くの失敗は、旧日本軍の失敗と同根にあり、日本人のメンタリティは、その深層心理に於いて戦前と戦後と殆ど変っていない。旧軍と同じ失敗を繰り返しているということを明らかにした。

二〇一一年三月に発生した地震、津波による福島第一原発の惨状を見るとこれもまた、コンティンジェンシープランなき日本軍と全く同一体質であることがわかる。

日本軍は、無敵連合艦隊、無敵関東軍、無敵皇軍等の名を唱えているうちにいつしか敗北や失敗はあり得ないとの思い込みに陥っていった。その過程は、原発の安全性を繰り返しているうちに神話と化し、原発は安全だ、事故はあり得ない。したがって不測の事態の対策は不要との思考回路にはまってしまった過程と全く同じである。

コンティンジェンシープランとは、不測の事態に備えるプランであって、想定外の事態に備えるのが真の危機管理である。無敵だ、安全だと唱えているうちに何の根拠もなくそんな気になってしまった。不測の事態の想定がないから、そんな事態になると後手後手に陥ってしまう。

安全だ、無敵だと呪文を唱えているうちにそんな気になる。見たくないものは見ない、起きて欲しくないことは考えないという我々日本人の体質を克服しない限り、我々は同じ失敗を繰り返すであろう。

戦前の日本人と一つだけ違うのは、責任を取る者が一人もいないということである。

福島第一原発の歴史に残る大事故を起こしても、あれだけ安全だ、心配ないと原発を推進してきた政治家や官僚、経営者、学者等が誰一人責任を取っていない。東京電力の清水社長は退任したが、それで済むわけではない。何も自決しろというのではない。何をどう間違っていたのか、今後二度とこうした事故を起こさないためにはどうしたらよいのか、真剣な反省と自己批判をしてほしいのだ。それが責任の取り方ではなかろうか。それを性懲りもなく原子力を今後も基幹エネルギーとして位置づけ、次々原子力発電所を再稼働させていくことは狂気の沙汰としか思えない。

長期政権を謳歌している安倍首相は、何か官僚の不祥事などがあるとそれは行政機関の長である私の責任である申し訳ないと陳謝するが、口だけでただの一度も具体的に責任を取ったことはない。また、森友学園への国有地売却に絡む決算書の偽造問題や次官のセクハラ問題に麻生財務大臣はどんな責任を取ったのか、わずかな財務大臣報酬のカットだけではないか。

自決は、日本的な責任の取り方としては究極のものであるが、罪が上層部へ及ぶことを避けるための生贄となったり、不都合な真実を隠ぺいするためのものであったりすることもあるので、自決を単に潔いと美化するわけにはいかないが、大東亜戦争敗戦後自決した将官（将軍）は二十六人に上る。自決の原因は様々であるが、多くはあの戦争の開戦責任や敗戦責任、あるいは多数の部下を死なせたことへの責任であったり、その責任感は今と違って旺盛である。

自決将官の一号は二十年八月十五日早朝に割腹した阿南陸軍大臣（大将）であり、最後は、二十二年九月十日の安達二十三第十八軍司令官（中将）である。阿南、安達の死からすでに七十年以上が経った。阿南は、死をもって天皇に詫び、安達は天皇と戦没した部下将兵に詫びて命を絶った。

彼らは、今日の日本をどのようにみているだろうか。

平成三十年七月一日

伊藤　禎

伊藤　禎《ただし》

昭和十六年福岡県生まれ。

昭和四十一年東北大学法学部卒業。

同年農林中央金庫入庫　本支店勤務の他、農水省、日本格付研究所出向、その後高松支店長、債券部長を経て平成七年コープケミカル（株）—現片倉コープアグリ（株）—常務取締役就任。平成九年代表取締役専務就任、コープ開発（株）社長、昆明人和化工有限公司董事などを歴任（兼務）。

平成十四年六月～十五年六月同社相談役。

平成十四年八月～十八年六月ジェイエイバンク電算システム（株）監査役。

平成二十年一月～NPO法人老人ホーム評価センター理事。

元軍事史学会会員　元失敗学会会員。

著書　敗者の戦訓　―経営者の見た日本軍の失敗と教訓（文芸社　平成十五年）

戦没将官列伝（陸軍・戦死編）（文芸社　平成二十一年）

神奈川県藤沢市在住

大東亜戦争　責任を取って自決した陸軍将官26人列伝

二〇一八年　八月一五日　初版第一刷発行
二〇一八年一二月　七日　初版第二刷発行

著　者——伊藤　禎
発行者——唐澤明義
発行所——株式会社　展望社

郵便番号一一二—〇〇〇二
東京都文京区小石川三—一—七　エコービル二〇二
電　話——〇三—三八一四—一九九七
ＦＡＸ——〇三—三八一四—三〇六三
振　替——〇〇一八〇—三—三九六二四八
展望社ホームページ http://tembo-books.jp/

印刷・製本——モリモト印刷株式会社

定価はカバーに表示してあります。

落丁本・乱丁本はお取り替えいたします。


ISBN978-4-88546-351-8